郑州旅游职业学院高层次人才科研项目　　项目编号：RCXM-2023-02

植物甾醇酯脂质体的研究

侯丽芬　著

汕头大学出版社

图书在版编目（CIP）数据

植物甾醇酯脂质体的研究 / 侯丽芬著. -- 汕头：汕头大学出版社，2024.12. -- ISBN 978-7-5658-5490-3

Ⅰ. TB383

中国国家版本馆 CIP 数据核字第 2025V6F945 号

植物甾醇酯脂质体的研究
ZHIWU ZAICHUNZHI ZHIZHITI DE YANJIU

著　　者：	侯丽芬
责任编辑：	汪艳蕾
责任技编：	黄东生
封面设计：	寒　露
出版发行：	汕头大学出版社
	广东省汕头市大学路 243 号汕头大学校园内　邮政编码：515063
电　　话：	0754-82904613
印　　刷：	定州启航印刷有限公司
开　　本：	710 mm×1000 mm　1/16
印　　张：	16
字　　数：	216 千字
版　　次：	2024 年 12 月第 1 版
印　　次：	2024 年 12 月第 1 次印刷
定　　价：	98.00 元

ISBN 978-7-5658-5490-3

版权所有，翻版必究

如发现印装质量问题，请与承印厂联系退换

符号和缩略语表

符号和缩略语	英文全称（中文全称）
PsE	phytosterol ester（植物甾醇酯）
CHOL	cholesterol（胆固醇）
PS	phytosterol（植物甾醇）
TC	total cholesterol（总胆固醇）
LDL-C	low Density Lipoprotein Cholesterol（低密度脂蛋白胆固醇）
VLDL	very low density lipoprotein（极低密度脂蛋白）
FTIR	Fourier transform infrared spectroscopy（傅立叶红外光谱）
NMR	nuclear magnetic resonance（核磁共振）
DSC	differential scanning calorimetry（差示扫描量热法）
XRD	X ray diffraction（X射线衍射）
GC-MS	gas chromatography-mass spectrometry（气相质谱联用）
PAE	phytosterol acetate ester（植物甾醇乙酸酯）
PBE	phytosterol butyrate ester（植物甾醇丁酸酯）
PHE	phytosterol hexanoate ester（植物甾醇己酸酯）
PCE	phytosterol caprylic acid ester（植物甾醇辛酸酯）
PDE	phytosterol decanoate ester（植物甾醇癸酸酯）

（续　表）

符号和缩略语	英文全称(中文全称)
PLE	phytosterol laurate ester（植物甾醇月桂酸酯）
PME	phytosterol myristic acid ester（植物甾醇肉豆蔻酸酯）
PPE	phytosterol palmitate ester（植物甾醇棕榈酸酯）
PSE	phytosterol stearate ester（植物甾醇硬脂酸酯）
SPC	soy phosphatidylcholine（大豆磷脂酰胆碱）
PDI	polydispersion index（多分散指数）
DLS	dynamic light scattering（动态光散射）
TEM	transmission electron microscope（透射电子显微镜）
AFM	atomic force microscop（原子力显微镜）
Raman	laser confocal Raman spectroscopy（激光共聚焦拉曼光谱）
CoQ_{10}	coenzyme Q_{10}（辅酶 Q_{10}）
PBE–CoQ_{10}–L	PBE–CoQ_{10}–Liposome（植物甾醇丁酸酯 CoQ_{10} 脂质体）
PS–CoQ_{10}–L	PS–CoQ_{10}–Liposome（植物甾醇 CoQ_{10} 脂质体）
CHOL–CoQ_{10}–L	CHOL–CoQ_{10}–Liposome（胆固醇 CoQ_{10} 脂质体）
SSF	simulated saliva fluid（模拟唾液）
SGF	simulated gastric fluid（模拟胃液）
SIF	simulated intestinal fluid（模拟肠液）

目 录

1 绪论   1
   1.1 脂质体   1
   1.2 植物甾醇及植物甾醇酯的简介及在脂质体中应用   7
   1.3 脂质体体内及模拟体外代谢的研究   13
   1.4 脂质体的包覆   16
   1.5 立题意义   17
   1.6 主要研究内容   19
   1.7 研究框架图   21

2 植物甾醇酯的合成、分离纯化及表征   23
   2.1 概述   23
   2.2 实验材料和实验仪器   26
   2.3 实验方法   26
   2.4 结果与讨论   33
   2.5 本章小结   39

3 植物甾醇酯脂质体的制备、表征及稳定性   40
   3.1 概述   40
   3.2 实验材料及设备   41
   3.3 实验方法   42

| 3.4 结果与讨论 | 47 |
| 3.5 本章小结 | 65 |

4 植物甾醇酯掺入对脂质分子层的影响　　67
　4.1　概述　　67
　4.2　实验材料及实验仪器与设备　　68
　4.3　实验方法　　69
　4.4　结果与讨论　　70
　4.5　本章小结　　87

5 植物甾醇丁酸酯辅酶 Q_{10} 脂质体的构建及性质研究　　88
　5.1　概述　　88
　5.2　实验材料及实验仪器与设备　　89
　5.3　实验方法　　90
　5.4　结果与讨论　　95
　5.5　本章小结　　117

6 不同配方 CoQ_{10} 脂质体小鼠药物动力学和组织分布　　118
　6.1　概述　　118
　6.2　实验材料及实验仪器　　119
　6.3　实验方法　　120
　6.4　结果与讨论　　125
　6.5　本章小结　　138

7 Eudragit S100 包覆对植物甾醇丁酸酯辅酶 Q_{10} 脂质体性能的影响　　139
　7.1　概述　　139
　7.2　实验材料及实验仪器与设备　　141
　7.3　实验方法　　142
　7.4　结果与讨论　　144
　7.5　本章小结　　157

8 Eudragit S100 包覆对植物甾醇丁酸酯脂质体体外消化特性的影响　158
8.1 概述　158
8.2 实验材料及实验仪器与设备　160
8.3 实验方法　161
8.4 实验结果与讨论　164
8.5 本章小结　174

结论与展望　176

参考文献　180

附　录　226

致　谢　247

1 绪论

1.1 脂质体

脂质体是由两亲性物质（如磷脂等）分散于水相时自发形成的内部为水相的双分子层闭合囊泡，与细胞膜结构相似，具有高生物相容性、低毒性和低免疫原性等特点。自从 Bangham 等[1]革命性地发现磷脂在水相中自发形成闭合的囊泡状结构以来，脂质体作为人工生物膜和活性物质载体得到了广泛的研究和应用，目前主要在医药[2-4]、化妆品[5-7]、食品营养[8-10]和农业[11-13]等领域表现出极大的应用潜力。

1.1.1 脂质体的结构和分类

磷脂等两亲性物质本质上具有亲水性头基和疏水性烷基的两亲性，这一特性使其能有效地发生水合作用。磷脂在水溶液中自发形成双分子层，将其极性头基暴露于水溶液中，并将其非极性烷基链聚成团簇，形成内部疏水区域，机械摇动或加热时，磷脂双层包裹水介质形成囊泡，形成过程如图 1-1 所示[14]。在囊泡中，亲水基团朝向水相，而疏水基团的尾部位于磷脂双分子层内，这种结构有助于在脂质双分子层和水核内部捕获疏水和亲水物质[15-17]。脂质体对于包埋物质稳定性的保护、释放的控制和生物利用度的提高等方面表现得比其他载体体系更先进、更有效。

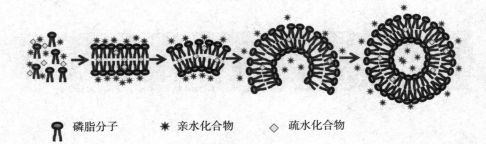

◖ 磷脂分子　　✱ 亲水化合物　　◇ 疏水化合物

图 1-1　脂质体的形成过程

一般来说，脂质体是根据粒径的大小和层数来分类的。脂质体粒径为 0.025 μm 到 5.0 μm 不等，同时可能具有一层或多层双分子膜。脂质体按层数和大小可以分为以下几种类型[14, 18]：一是单室脂质体，是由一层双分子脂质膜形成的囊泡，又分为小单室脂质体和大单室脂质体；二是多室脂质体，是由双分子脂质膜与水交替形成的多层结构的囊泡。脂质体的粒径大小为几十纳米到几十微米，膜厚度大约为 5 nm。

1.1.2　脂质体组成及制备方法

理想的脂质体不但包封率高、粒径大小合适、分布范围窄，而且稳定性好。类脂的选择、脂质体结构的选择和脂质体的粒径是影响脂质体性能的主要因素。制备脂质体的方法不同，得到的脂质体结构和粒径也不同，因此包封不同物质脂质体的制备除了考虑载体膜材料，制备方法是首要考虑的因素[19]。

脂质体的主要组成部分是磷脂，包括天然磷脂和合成磷脂。用于制备脂质体的天然磷脂有大豆磷脂[20-22]、蛋黄磷脂[23-25]、海洋磷脂[26-28]和牛奶磷脂[29-31]，制备脂质体的合成磷脂有二棕榈酰磷脂酰胆碱[32]、二肉豆蔻酰磷脂酰胆碱[33]等。合成磷脂在纯化、合成及结构调整过程中会用到有机溶剂，可能导致产品存在安全隐患，另外合成磷脂价格昂贵，制备脂质体成本过高。天然磷脂从天然存在的原料中提取，为脂质体的制备提供了丰富、价格低廉的原料。

胆固醇（Cholesterol, CHOL）是环戊烷多氢菲的衍生物，是真核细胞生物膜的关键组成部分[34]，不均匀地分散于细胞膜中，对体内新陈代谢起着非常重要的作用。CHOL 的分子结构包括一个平面、刚性的四环融合骨架，在 C_3 处有一个羟基，在 C_5 和 C_6 之间有一个双键，在 C_{17} 处有一个异辛基碳氢侧链[35]。CHOL 的极性—OH 基与磷脂分子相邻的头基形成静电及氢键作用而定位于双分子层表面，刚性的甾醇环平行嵌于磷脂分子的酰基链间。CHOL 嵌入磷脂双层的示意图如图 1-2 所示。CHOL 与磷脂等其他物质相互作用调节细胞膜的物化性质。在大多数脂质配方中，为了调节和改善脂质双层膜的性质，有必要添加 CHOL[36]。CHOL 在磷脂分子中诱导了一个中间状态，在 T_m（凝胶到液晶的相变温度）以下，提高了烃链的流动性，T_m 以上则降低了烃链的流动性。在与生物相关的液晶状态下，CHOL 增加了磷脂烃链的取向有序度并降低了其运动速率[37]。膜中更高的有序性将导致膜的横向收缩，磷脂的堆积密度增加，这将提高膜的机械强度，降低膜的透性[38]。目前，已经证实 CHOL 对合成膜和天然膜的结构和动力学性能的影响。CHOL 调节膜的硬度[39-40]、厚度[41]、稳定性[42]和流动性[43]。此外，膜中 CHOL 含量影响生物活性物质的包封率。胆固醇影响双分子层的相行为[44-45]，有利于有序的脂质液晶相形成[46]。

脂质体的结构、外观和稳定性与脂质体的制备工艺密切相关。传统的制备脂质体的方法有薄膜水化法[47-49]、乙醇注入法[50-52]、去污剂去除法[53-55]、加热法[56-58]和挤出法[59-61]。为了提高脂质体制备的效率，还采用了一些辅助技术，如超临界流体法[62-64]、超声法[65-67]和微流技术[68-70]

等。脂质体不同制备方法的优缺点如表1-1所示。

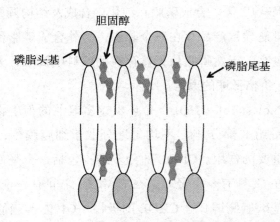

图1-2　胆固醇嵌入磷脂双层的示意图

表1-1　脂质体不同制备方法的优缺点

制备方法	优　点	缺　点
薄膜水化法	囊泡稳定、设备简单、成本低	均一性差、包封率低
乙醇注入法	设备简单、成本低、可规模化生产	均一性差、耗时长
去污剂脱除法	可控制粒径、均一性好	与活性物质相互作用
加热法	简单、快速	热敏性物质降解
挤出法	均一性好、快速、可重复操作	产品损失
超临界流体法	无溶剂	设备成本高
超声法	粒径小、均一性好	处理量受限、脂质和包埋物降解及探头污染
微流法	粒径小、均一性好、可规模化生产	高压和高能量输入破坏包埋物质的结构

1.1.3　脂质体在食品中的应用

目前在食品系统中使用的大多数微胶囊技术是基于多糖、淀粉、树胶和蛋白质组成的生物聚合物。然而，脂质体等以脂质为基础的输送系统已开始在药物、生物活性物质递送过程中获得重要地位。脂质体的类细胞结构有利于脂质体实现可控释放。在物质的递送过程中，理想的脂质体应具有以下特点[71-72]：①脂质体的壁材应不与芯材成分发生反应；②活性物质包埋于脂质体内，免受环境条件的影响；③壁材及活性物质应当价廉，并且为食品级壁材及活性物质。脂质体在食品、功能性食品和生物活性物质传递体系中的应用如表1-2所示。

表1-2 脂质体在食品、功能性食品和生物活性物质传递体系中的应用

序号	包埋物质	膜材	应用	研究者及参考文献
1	油酸、乳酸链球菌肽和大蒜提取物	卵磷脂	抗菌（牛奶、面包）	Pinilla 等[73]、Barreto Pinilla 等[74]、Pinilla 等[75]
2	桂花精油和纳米银粒子	大豆磷脂	抗菌（猪肉）	Wu 等[76]
3	丁香油	大豆磷脂和胆固醇	抗菌（蔬菜）	Cui 等[77]
4	咖喱植物精油	大豆磷脂和胆固醇	蜡样芽孢杆菌（稻谷）	Cui 等[78]
5	虾油（DHA、EPA和虾青素）	大豆磷脂	提高抗氧化稳定性、强化营养（脱脂乳）	Gulzar、Benjakul[79]，Gulzar、Benjakul 和 Hozzein[80]
6	鱼油	大豆磷脂	提高抗氧化性、强化营养（面包），强化营养（酸奶）	Ojagh 等[81]，Ghorbanzade 等[82]
7	DHA	大豆磷脂和谷甾醇	提高抗氧化稳定性	Han 等[83]
8	氨基酸	大豆磷脂	强化营养（饮料）	Rezvani 等[84]

（续　表）

序　号	包埋物质	膜材	应　用	研究者及参考文献
9	生物活性肽	卵磷脂和胆固醇	提高抗氧化性和稳定性	Sarabandi 等 [85]
10	乳清肽	大豆磷脂	使其具有功能性和强化营养	Mohan 等 [86]
11	维生素 D	大豆磷脂	强化营养	Ghiasi 等 [87]
12	维生素 E、维生素 C	大豆磷脂	强化营养（牛奶巧克力）	Marsanasco 等 [88]
13	维生素 C	牛奶磷脂和甾醇	强化营养	Amir 等 [89]
14	姜黄素	牛奶磷脂和虾磷脂	使其具有功能性	Wu 等 [90]
15	甜菜苷	卵磷脂	抗氧化性（鲜肉的包装膜）	Amjadi 等 [91]
16	白藜芦醇	磷脂和乙二醇癸酸丁二酸单酯	抗氧化性（油脂）	王宏雁等 [92]
17	白藜芦醇和儿茶素	大豆磷脂和胆固醇	抗氧化性（橙汁）	Feng 等 [93]
18	番茄红素	卵磷脂和胆固醇	生物活性物质传递	韩春然等 [94]
19	花青素	卵磷脂	提高稳定性	Guldiken 等 [95]
20	姜黄素	大豆磷脂和氢化大豆磷脂	提高稳定性	Tai 等 [96]

脂质体技术在制药和化妆品行业已经有许多非常成功的应用。但是，脂质体作为天然抗氧化剂、蛋白（包括蛋白、肽类和酶类）、维生素和

矿物质以及必需脂肪酸的载体，在食品加工、功能性食品和保健品方面的应用仍处于开发研究阶段。与此同时，脂质体对活性成分的控释、稳定性的增强以及生物利用率的提高方面受到人们的广泛关注。此外，新技术如超临界流体法、微流法和超声法等，对开发更适用、更稳定的脂质体有巨大帮助。

1.2 植物甾醇及植物甾醇酯的简介及在脂质体中应用

1.2.1 植物甾醇

1.2.1.1 植物甾醇的分布及化学结构

植物甾醇（phytosterol, PS）是构成植物细胞膜基本成分的化学物质，具有稳定细胞膜的作用，主要存在于富含脂肪的坚果、豆类等中，浓度高达5%[97]。各种坚果油中PS的含量如表1-3所示。PS结构类似CHOL，不能在人体内合成，只能通过膳食摄取[98-100]。PS是在提炼植物油的过程中产生的，它们与其他不皂化物质一起在蒸汽蒸馏中被提取出来，经过纯化步骤后，会得到不同PS的混合物，形成白色结晶粉末[101]。目前已鉴定出250多种PS；其中，菜油甾醇、豆甾醇和β-谷甾醇占饮食中PS总摄入量的95%以上，化学结构如图1-3所示[102-104]。在不同的食物中这些PS的浓度有所不同，但《食品化学法典》中报道的一般植物食品中PS包括50%～65%的β-谷甾醇、10%～40%的菜油甾醇和0～35%的豆甾醇。

表1-3 坚果油中PS的含量

坚果（nut）	含量（mg/100 g）
扁桃仁（almond）	271
巴西坚果（brazil nut）	208
腰果（cashew）	199
栗子（chestnut）	800
榛子（hazelnut）	165
夏威夷果（macadamia）	128
花生（peanut）	284
山核桃（pecan）	283
松子（pine nut）	164
开心果（pistachio）	184
核桃（walnut）	307

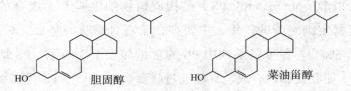

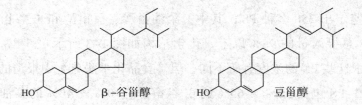

图1-3 CHOL和主要PS的化学结构

1.2.1.2 植物甾醇的生理功能

PS能有效降低总胆固醇（total cholesterol, TC）水平和低密度脂蛋白胆固醇（low density lipoprotein cholesterol, LDL-C），阻止 CHOL 在肠道中的吸收[105]。PS 降低 CHOL 的作用机制是抑制肠道对 CHOL 的吸收，通过增加 CHOL 的肠道分解来实现的[106]。Ras 等[107]研究发现，每天摄入 0.6～3.3 g PS 可以减少 6%～12% 的 LDL-C。同时有研究表明[108]，每天摄入 0.7～9 g PS 可降低 7%～69% 的 CHOL 吸收。研究发现[109]雄性小鼠饲喂高脂饮食并给予 3.1% PS 三周后，极低密度脂蛋白（very low density lipoprotein, VLDL）分泌减少，而乳糜微粒分泌无差异。流行病学和实验数据证实，高胆固醇饮食对动物模型的认知能力有害。Rui 等[110]证明了在高胆固醇饮食中补充 2% PS，喂养大鼠 6 个月，可以使其体重保持稳定，降低其血清血脂水平，改善其认知能力。Cheung 等[111]设计了一项研究来评估富含 PS 的牛奶是否能有效降低血清 LDL-C，与对照组相比，治疗组血清 LDL-C、TC 水平和舒张压显著下降。

PS 具有抗氧化和抗炎作用。体外研究表明，PS 减少血小板细胞膜的脂质过氧化反应，可以作为自由基清除剂和细胞膜的稳定剂，甚至作为抗氧化酶的促进剂[112-114]。此外，炎症过程与氧化应激和活性氧（ROS）过量产生相关，因此具有显著抗氧化作用的生物活性分子也具有抗炎潜力，PS 也不例外。López-García 等[115]研究发现，含或不含低聚半乳糖的富含 PS 的牛奶水果饮料除了能降低白细胞介素（IL-1β、IL-8 和 IL-6）水平外，还能阻止 CHOL 氧化产物诱导的氧化应激。同时，他们还发现在小鼠慢性结肠炎模型中小鼠服用富含 PS 的乳基水果饮料后，溃疡性结肠炎相关症状显著减少，结肠缩短和结肠黏膜损伤得到改善[116]。

PS 还对各种慢性疾病[117]有保护作用，如心血管疾病[118-120]、肝损伤[121-123]、糖尿病[124-125]和癌症[126-128]。美国食品和药物管理局（FDA）于 2000 年通过了每日摄入 PS 和降低冠心病风险有关的健康声明[129]。健康声明规定"每份食物至少含有 0.65 g 食用 PS，每天两次，每日总摄入量至少为 1.3 g，作为低饱和脂肪和胆固醇饮食的一部分，可能会减少心脏病的风险"。2010年,FDA修订含有非酯化PS的食品上使用健康声明,并增加PS的每日摄入量为2 g[130]。同样,欧洲食品安全局批准了一项关于每天摄入3 g PS与降低血液CHOL和降低冠心病风险之间关系的健康声明[131]。Shariq等[132]报道了含有PS的初榨椰子油对雄性Wistar大鼠的抗动脉粥样硬化作用。马立丽等[133]通过研究PS对高脂膳食喂养大鼠血脂及肝脏脂质的影响发现,PS具有调节血脂、减轻肝脏脂质沉积的作用,可以预防脂代谢紊乱。刘曼等[134]研究发现PS对大鼠慢性酒精性肝损伤具有改善作用,对大鼠小肠屏障损伤具有保护效果;定量分析证明PS的保肝效果与其调节肠道菌群有关。一些研究[135-136]已经确定PS是葡萄糖代谢的关键调节剂,动物实验表明口服PS可显著降低血糖水平。据报道,一定剂量PS对肺癌[137]、宫颈癌[138]、乳腺癌[139-140]及结直肠癌[141]有效。

1.2.2 植物甾醇酯

1.2.2.1 植物甾醇酯的分布

植物甾醇酯(phytosterol ester, PsE)于油脂中,占总甾醇含量的6%~68%,是菜籽油、玉米、花生、鳄梨、月见草和葵花籽油中的主要成分[142]。由于PsE在食品和保健品工业中得到了广泛的认识和应用,因此它的重要性越来越显著。PsE是天然存在的抗氧化剂,具有比PS更好的脂溶解性和相容性。PS与脂肪酸的酯化反应生成PsE,使得它们能够大量地融入不同的食品中,如果酱、人造黄油、酸奶,甚至是低脂食品[143]。因此,饮食消费的保健品中补充PS通常是指食用它们的酯化形式[144]。

1.2.2.2 植物甾醇酯的生理功能

PsE保留了PS的生理功能。He等[145]研究发现植物甾醇月桂酸酯能显著降低血清 TC、LDL-C、LDL-C/HDL-C 水平和肝脏 CHOL 含量，显著提高粪便 CHOL 浓度，说明植物甾醇月桂酸酯保留了天然植物甾醇的降胆固醇潜力。研究表明[146]，植物甾醇油酸酯对载脂蛋白 e 缺陷小鼠具有很强的抗动脉粥样硬化活性。膳食中 PsE 还可改善哮喘患者体内免疫功能[147]。研究[148]发现通过在高脂肪、高胆固醇饮食中添加 PS 或 PsE，可以在不影响肝脏脂肪含量的情况下特异性地抑制肝脏炎症。郭艳等[149]研究了 α-亚麻酸 PsE 对非酒精性脂肪性肝病的改善作用。

PsE 具有较好的 PS 和游离脂肪酸生理功能协同作用[150]。短链脂肪酸具有多种有益作用，包括刺激黏液分泌、血管流动、增加钠吸收，以及抗炎和抗癌特性[151-152]。其中，作为最重要的短链脂肪酸——丁酸是结肠上皮细胞的能量来源，此外，丁酸钠对多种肿瘤细胞具有抗增殖活性[153-154]。与其他脂肪酸相比，丁酸分子较小，碳链长度短，水溶性高，说明丁酸经门静脉被胃吸收，代谢迅速（半衰期约 5 min），在血液中的短暂停留降低了其临床应用潜力[155]。为此延长其代谢时间，丁酸可以应用到其他天然分子中。例如，胆固醇丁酸酯显示出抑制非小细胞肺癌 NIH-H460 的细胞增殖作用[156]。

1.2.3 植物甾醇及植物甾醇酯构建脂质体的研究进展

在传统的脂质体制备过程中，通常会加入 CHOL 来提高脂质膜性能。CHOL 与心血管疾病密切相关[157]，尽管少量的 CHOL 对正常人来说可以忽略不计，但是对于患有高胆固醇血症的人应避免食用含有 CHOL 的食物，因此研究人员开始寻找能够代替 CHOL 的物质。PS 及 PsE 与 CHOL 都是以环戊烷全氢菲为骨架的化合物，同时 PS 及 PsE 具有降低血清胆固醇等生理功能，因此有些学者开始研究用 PS 和 PsE 替代 CHOL 构建脂质体。

PS 替代 CHOL 构建脂质体的研究较多，包括脂质体包封性能、外观及分布、膜的稳定性、流动性等方面。Amiri 等[158]研究结果表明，菜油甾醇替代 CHOL 对纳米脂质体中维生素 C 的包封率和稳定性均有积极的影响。Zhao 等[159]采用超临界 CO_2 法制备不同甾醇脂质体，发现与 CHOL 相比，β- 谷甾醇脂质体与豆甾醇脂质体具有更小的粒径和多分散指数，在低浓度条件下膜的流动性增强，随着浓度的增加，脂质体膜堆积紧密，其流动性降低。杨贝贝等[160]研究了不同 PS 对大豆磷脂脂质体膜性质的影响，结果得出 β- 谷甾醇和大豆植物甾醇脂质体更加稳定，可以替代胆固醇。Lee 等[161]研究不同甾醇对视黄醇稳定性的影响，结果显示 β- 谷甾醇和 CHOL 一样可以提高其稳定性。除此之外，还研究了 PS 对包埋物质体外释放度和生物利用度的影响。Tai 等[162]的研究结果显示当 β- 谷甾醇加入量为 20 ～ 33 mol% 时，因为膜中有大量的有序液相的产生，姜黄素的包封率、缓释性和生物利用度有所提高。因此，PS 作为一种健康的功能补充剂，有潜力构建稳定的无 CHOL 脂质体。

PsE 掺入脂质体中的研究文献相对较少。Alexander 等[163]采用高压均质法制备 PsE 脂质体，结果发现脂质体稳定性和包封率得到了提高。Wang 等[164]采用微流法制备 PS/PsE 大单室脂质体，研究提出包埋机制为 PsE 包埋于脂质体双分子层内，并且易于饱和，掺入量少。目前有关 PsE 脂质体的研究较为单一，没有具体、明确地说明所采用的 PsE，因此针对不同链长的脂肪酸构成的 PsE 对所构建脂质体的影响缺乏基础的研究。然而，对于不同 PsE 对脂质膜性能影响的机理同样缺少深入的研究，这也为相关研究者提供了广阔的空间。

1.3 脂质体体内及模拟体外代谢的研究

1.3.1 脂质体的体内代谢

目前，体内研究（动物试验）和体外系统（模拟试验）被用于脂质体体内、体外代谢的研究。出于社会和伦理等方面的考虑，以及对从人类消化道中取样存在的问题的考虑，在人类身上进行研究是困难的。因此，体内研究多采用动物实验，如将小鼠[165]、大鼠[166]、兔子[167]和山羊[168]作为研究对象进行实验。脂质体通过口服或静脉注射的方式进入动物体内，通过开展包埋药物或活性成分在体内的代谢动力学及组织分布研究，从而进一步分析脂质体对包埋物质的缓释性、生物利用度及靶向性的影响。杨静文等[169]以小鼠为动物模型，开展维甲酸脂质体在体内的药物动力学及组织分布研究，结果表明脂质体能够延缓药物释放和增强靶向性。李喆等[170]对辅酶Q_{10}脂质体在小鼠体内药物动力学和组织分布的研究结果显示，脂质体延缓了药物释放，提高了生物利用度，增强了靶向性作用。李颖等[171]研究发现在大鼠体内白藜芦醇纳米脂质体清除速率减慢，代谢时间延长，并具有一定肝、肾靶向性。李娜等[172]以大鼠为模型研究发现紫杉醇脂质体提高了药物的生物利用度。田艳燕等[173]研究了番茄红素脂质体在大鼠体内的药物代谢动力学，结果表明脂质体增强了药物的缓释性，提高了药物的生物利用度。刘韬等[174]研究了紫杉醇脂质体在家兔体内的药物动力学，结果显示脂质体提高了药物的生物利用度。何艳等[175]研究了芦丁脂质体在家兔体内的药物动力学，结果显示脂质体提高了药物的生物利用度。

1.3.2 脂质体的模拟体外代谢

由于饮食习惯的差异与动物消化器官和人类消化器官之间的生理差异，脂质体在动物体内代谢研究数据经常受到质疑。因此，体外方法越来越多地替代体内研究，以探索和控制脂质体的消化率。体外消化的研究模型有动态模型、半动态模型和静态模型。使用动态模型进行脂质体消化研究的相关报道较少[176]，Machado 等[177]采用反相蒸发法制备了大米卵磷脂脂质体和大豆卵磷脂脂质体，并在动态胃肠系统中评估了脂质体的体外消化率。最近，大多数了解脂质体消化行为的研究都使用了静态工具，如水浴摇晃、空气浴旋转和 pH 恒定。目前开发的体外消化研究模型主要用于预测营养物质从食物基质或输送系统的释放及其生物可及性，并评估其在吸收前的变化[178-180]。Liu 等[181]采用静态模型考察维生素 C 和胡萝卜素共同包埋于脂质体的体外模拟消化的释放动力学。Liu 等[182]采用体外模拟婴儿和成人胃和肠道消化的模型探索乳铁蛋白脂质体的消化行为，通过颗粒跟踪分析和透射电子显微镜观察颗粒结构损伤，确定其与乳铁蛋白稳定性的关系。Zhang 等[183]探究了没食子酸脂质体体外消化过程中的缓释作用。Beltrán 等[184]采用微流化和超声法制备高油酸棕榈油脂质体，对比研究了不同制备方法对脂质体稳定性和体外模拟消化率的影响。

1.3.3 影响脂质体体内、外代谢的因素

大量研究发现脂质体的体内、外代谢及其分布受很多因素的影响。通过静脉注射的脂质体稳定性会受到一些因素的影响[185]，首先，脂质体在血液中被清除；其次，体内血液的成分对脂质体有破坏作用。通过口服或体外模拟消化的脂质体稳定性会受到外因的影响，如酶、pH、盐和消化时间等因素。那么，提高脂质体在血液、消化道或模拟消化条件

下的稳定性是保证脂质体发挥药物或生物活性物质载体作用的关键因素。提高脂质体稳定性的措施如下：①选择稳定的磷脂；②采用合适的制备方法；③合理选择脂质体分子膜的组成；④表面修饰或包覆。

Senior 等[186]制备羧基荧光素（CF）的小单层脂质体由各种不饱和和饱和磷脂（含胆固醇或不含胆固醇）组成，在小鼠血清中孵育，温度为 37 ℃；结果发现胆固醇的掺入可减少 CF 渗漏；在类似条件下，由脂肪酸链长度增加的饱和磷脂组成的无胆固醇脂质体也可减少 CF 的渗漏。吕万良等[187]采用两亲性聚乙二醇 – 二硬脂酰磷脂酰乙醇胺（PEG–DSPE）对脂质体膜进行修饰，以制备隐形脂质体，延长了脂质体在血液中的循环时间，血药浓度增加。

脂质体在胃肠道传递过程中的不稳定性刺激了寻找稳定脂质体的需求。Vergara 等[188]采用菜籽油加工残渣中提取的磷脂、豆甾醇和/或氢化磷脂酰胆碱制备乳铁蛋白脂质体，研究结果发现脂质体在体外消化过程中对乳铁蛋白有很好的保护作用。Wu 等[189]研究了磷脂组成对姜黄素脂质体贮藏稳定性、体外生物利用度等性能的影响，发现牛乳磷脂制备的姜黄素脂质体在恶劣的储存条件下表现出更好的稳定性，而磷虾磷脂制备的脂质体生物利用度更高。Zhang 等[190]研究了不同类型的磷脂（脂肪酸链长度和饱和度不同，头基不同）对体外模拟胃肠道中脂质体理化性质和稳定性的影响。Chen 等[191]采用交联糖基化乳铁蛋白修饰 7, 8-二羟基黄酮纳米脂质体，结果显示修饰后的脂质体具有更高的抗氧化活性、贮藏稳定性、缓释能力、生物可及性。魏竹君等[192]采用壳聚糖和海藻酸钠对还原型谷胱甘肽脂质体进行了双层修饰，结果显示修饰后的脂质体贮藏稳定性和消化稳定性得到了明显的提高。Liu 等[193]制备了壳聚糖和明胶组成的水凝胶槲皮素脂质体，与未包埋于水凝胶中的脂质体相比，槲皮素对胃释放的保护作用提高了约 40%。

1.4 脂质体的包覆

脂质体是由脂质双分子层组成的球形囊泡，作为药物或生物活性物质的运载体系，具有缓释性、低毒性、无免疫原性、靶向性等特点，可以保护包封物质不被降解，还能够改善其药物动力学和组织分布，增加生物利用度。尽管脂质体作为运输药物和生物活性物质的载体，具有许多优点，但是仍存在稳定性差、包埋物质泄露、对胃肠道环境抵抗力差和静脉注射后体内循环时间短等局限性。包覆、修饰可以提高脂质体双层膜的稳定性，提高其体内外的稳定性、缓释性；包覆材料为脂质体提供亲水性屏障，可以阻止血液中血浆蛋白对脂质体的破坏，可延长静脉注射脂质体在体内的循环时间，提高药物的靶向性[194]。因此，包覆脂质体成为目前载药系统研究的重点和热点。可包覆脂质体的材料有多糖及衍生物[195-197]、蛋白[198-200]、聚乙二醇及衍生物[5, 201-202]、糖苷衍生物[203-204]等。这些包覆材料为两亲性物质，大多与脂质体形成复合物，对外增加空间障碍，因此包覆后的脂质体增强了体内、外的稳定性，增强了缓释性和靶向性，提高了包埋物质的生物利用度。

包覆材料可以单独包覆，以达到提高脂质体性能的目的。Zamani-Ghaleshahi 等[205]以壳聚糖为包覆材料，包覆紫苏油脂质体，结果显示通过包覆改善了纳米脂质体的物理稳定性和氧化稳定性，提高了胃和肠道条件下的稳定性。Katouzian 等[206]采用基于中心复合设计的响应面法优化设计壳聚糖包被橄榄叶提取物脂质体，在食品模拟和胃肠道模拟中进行了最佳的体外释放试验。Krishnamoorthy 等[207]在纳米脂质体中引入胶原的三螺旋、卷曲螺旋和纤维状蛋白，提高了纳米脂质体的稳定性，抵抗磷脂酶活性，降低了网状内皮系统对脂质体的吞噬作用。Chen 等[208]采用膜分散 – 超声乳化法制备维生素 C 脂质体，通过包覆聚乙二醇提高了脂质体的稳定性。

包覆材料也可以相互结合，多重包覆，进一步提升脂质体的稳定性。Gomaa 等[209]研究开发口服细菌素的双包被食品级脂质体制剂，由乳清蛋白和果胶双重包被脂质体，释药研究证实了双重包衣对脂质体抗胃肠消化的保护作用。Shishir 等[210]采用果胶和壳聚糖包覆天竺葵素-3-O-葡萄糖苷脂质体，结果表明，聚合物包被提高了纳米脂质体物理稳定性，并延长了体外消化过程中包埋物质的保留时间。Fukui 等[211]通过层层沉积法，采用壳聚糖、阴离子聚合物葡聚糖硫酸酯包被脂质体，与裸脂质体相比，胶囊壁对表面活性剂 Triton X-100 的稳定性显著提高。

随着脂质体包覆研究的不断拓展和深入，相关的文献层出不穷，包覆后脂质体的适用性能得到了很大的提升，现在仍有许多研究者热衷于相关方面的研究。

1.5 立题意义

随着人们对功能性食品兴趣的不断增长，将促进健康的化合物添加到食品中的新技术的开发变得越来越重要。脂质体的制备是食品基质中生物活性分子包封和控释的有效手段。最佳的传递系统不仅需要有效地结合化合物并以可控的方式传递它们，还需要保护它们的生物活性分子不被降解，或防止它们与基质中其他成分的相互作用。

为了改善脂质双分子层的特性，传统上脂质膜中加入胆固醇。胆固醇在脂质膜中起着降低膜通透性和增强膜功能的重要作用。尽管已经证明胆固醇可以改善脂质体膜的特性，但含有胆固醇的膳食的摄入有时候是受限的，如高胆固醇血症患者的饮食中应避免含有胆固醇。植物甾醇及 PsE 的生理功能特点和结构特性使其在设计用于口服药物和保健品的脂质体包封系统时，有希望成为胆固醇的替代品。植物甾醇替代胆固醇的研究已经有很多，人们普遍认为植物甾醇，尤其是谷甾醇和豆甾醇，可以有效地改善脂质体的性能，提高包封性、稳定性等性能。有研究表明 PsE 可以提高脂质体的稳定性和包封率，然而关于 PsE 构建脂质体的研究相对较少，并且仅限于商业 PsE 或 PsE 混合物的相关研究。

本书选择 PsE 替代胆固醇构建脂质体的原因如下：首先，PsE 具有甾醇类甾核结构，有相关文献表明，胆固醇和植物甾醇能够稳定和调节膜性能与其平面、刚性的甾核有很大的关系，所以同样具有甾核结构的 PsE 具备调理膜性能的基础条件；PsE 与甾醇相比，具有更好的脂溶性，与磷脂双层膜内的疏水性环境兼容性更好；PsE 的极性虽然降低了，但是仍有与磷脂极性基团相互作用的 C=O 和 C—O 基团，为 PsE 在脂质膜中的定位提供了条件；另外，PsE 同样具有植物甾醇的生理活性，同时在肠道降解后，还具备相应脂肪酸的生理作用，尤其是短链的脂肪酸，可以起到调理肠道菌群的作用，中链长度的脂肪酸可以直接提供能量，长链的脂肪酸具有抗菌性等，因此 PsE 构建脂质体对于其自身生理活性的发挥也有重要意义。

综合国内外关于 PsE 脂质体的研究发现：所选用的 PsE 要么是商业产品，要么是与植物甾醇混合在一起的混合物，这为后续研究带来很大的不便。因此，本节着手合成具体不同脂肪酸构成的 PsE，并对其进行纯化、鉴定，以减少其他物质对研究结果的影响，为探寻不同脂肪酸 PsE 对其构建脂质体性能影响的规律性提供研究基础。脂质体的制备采用的是动态高压微射流法，在操作过程中难免会有过度处理，容易导致脂质体结构被破坏和包埋物质泄露；因此，本书选择了传统的薄膜 – 超声法来制备脂质体，在制备过程中加入吐温 –80 来增加 PsE 的掺入量。在此基础上，本书研究了 PsE 脂质体物理性质、稳定性，以及与脂质分子相互作用和对膜性能的影响。

制备脂质体的膜材有天然的磷脂和合成的磷脂，虽然合成磷脂的性质较为稳定，但是由于其在合成过程中可能会产生有害物质，同时价格比较高，因此在研究过程中拟选择大豆磷脂酰胆碱为膜材构建脂质体，其来源丰富、价格便宜，对提高大豆综合利用的附加值也具有积极的意义。

脂质体性能研究的最终落脚点是具体应用，尤其是对生理活性物质的包埋性能、稳定性，以及后续的口服生物利用情况。PsE 脂质体的相关研究还没有涉及或者涉及很少，因此有必要开展相关研究，为评价 PsE 替代胆固醇提供研究基础。在口服利用方面，既可以研究动物体内消化，又可以研究体外模拟消化来考察生理活性物质脂质体的生物利用度和生物可及性，为具体的实践应用提供数据基础。这两种研究各有优缺点，如动物的消化道与人体的消化道有差别，导致研究结果不具有通用性，而采用体外模拟消化模型是一个简化的模拟方法，未体现消化的动态性和其他存在成分的影响。因此，本书既采用了动物实验，又采用了体外模拟消化实验，具体评价脂质体的消化、利用情况。

为了进一步提高脂质体的体内外稳定性，很多研究选择了包覆脂质体。聚丙烯酸树脂 Eudragit S100 是一种常用的药用聚合物辅料，也是常见的肠溶性包衣材料，具有 pH 响应性，在酸性与中性条件下不溶解，而在 pH > 6.8 的溶液中溶解。Eudragit S100 是一种十分优良的口服脂质体包覆材料，可以提高脂质体在胃中的稳定性，而在肠道中缓释包埋物，从而提高其生物利用度。Eudragit S100 包覆脂质体的研究较少，因此拟采用包覆脂质体来提高 PsE 脂质体的稳定性。

综上所述，研究 PsE 构建的脂质体对于设计稳定的载体系统具有重要意义。

1.6 主要研究内容

在研究中首先拟合成 $C_2 \sim C_{18}$ 脂肪酸 PsE，然后构建其相应的脂质体并进行表征及稳定性的研究。在此基础上，本书拟进一步探讨不同PsE在分子水平上与大豆磷脂分子的相互作用机制以及对膜性能的影响，筛选出较为理想的 PsE 与生物活性物质构建脂质体，最后研究动物体内消化和吸收与脂质体外模拟消化，以期为 PsE 纳米载体的构建提供理论指导。

1.6.1　$C_2 \sim C_{18}$ 脂肪酸 PsE 的合成、纯化及鉴定

拟采用化学法合成 $C_2 \sim C_{18}$ 脂肪酸植物甾醇酯，硅胶柱层析进行纯化，气相色谱法测定其纯度，采用傅立叶变换红外光谱（Fourier transform infrared spectroscopy, FTIR）、核磁共振（nuclear magnetic resonance, NMR）和气相色谱-质谱连用仪进行鉴定，最后利用差示扫描量热法（differential scanning calorimetry, DSC）评价其热相性，为后续实验提供原料。

1.6.2　PsE 脂质体的构建及表征

拟采用薄膜-超声法，以大豆磷脂为膜材，辅以吐温-80，制备 PsE 脂质体，揭示不同 PsE 对脂质体物理性质、膜结构和稳定性的影响规律。

1.6.3　植物甾醇酯与脂质膜相互作用机制及对膜性质的影响

拟通过 FTIR 和激光共聚焦拉曼光谱技术探讨 PsE 与磷脂分子的相互作用机制，然后采用 X 射线衍射（X ray diffraction, XRD）和 DSC 研究 PsE 在脂质体物理存在状态及对脂质膜热相行为的影响，以及采用荧光技术检测脂质体微极性的变化规律。

1.6.4 PsE 辅酶 Q_{10} 脂质体的构建及表征

拟筛选出理想的 PsE 与生物活性物质（辅酶 Q_{10}）构建脂质体，通过优化配方制备脂质体，并考察其物化性质和稳定性。

1.6.5 PsE 辅酶 Q_{10} 脂质体在动物体内的药物动力学和组织分布

拟对比研究 PsE、PS 和 CHOL 辅酶 Q_{10} 脂质体在小鼠体内的药物动力学和组织分布，揭示不同组成对脂质体包埋物质输送的影响。

1.6.6 Eudragit S100 包覆对植物甾醇酯辅酶 Q_{10} 脂质体性能的影响

拟采用 pH 驱动法制备 Eudragit S100 包覆脂质体，通过单因素实验确定脂质体包覆的条件，并对其加以表征；运用 FTIR、XRD 手段研究丙烯酸树脂 Eudragit S100 包覆对脂质体磷脂双分子层特性的影响；测定包覆前后脂质体在不同 pH 和盐浓度条件下的稳定性。

1.6.7 Eudragit S100 包覆对脂质体体外模拟消化特性的影响

拟探讨在模拟体外消化过程中 Eudragit S100 包覆前后脂质体物理性质、包埋物质释放、微极性及脂质膜结构的变化。

1.7 研究框架图

研究框架图如图 1-4 所示。

植物甾醇酯脂质体的研究

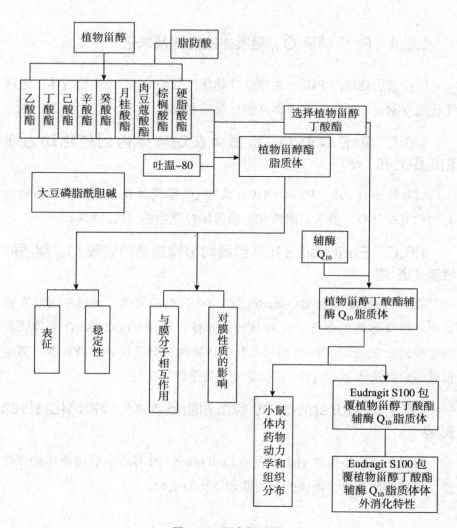

图 1-4 研究框架图

2 植物甾醇酯的合成、分离纯化及表征

2.1 概述

PS 能够降低血清 CHOL，同时可以预防心血管疾病。人体内不能合成 PS，因此需要通过饮食摄取。PS 一般不溶于水，在食用油中的溶解度仅为 1% 左右。这一特性限制了 PS 在食物基质中的应用，并导致其在人体内的消化利用率较低。为了克服溶解性的缺点，人们采用了多种方法来提高 PS 在油脂中的溶解度。一种典型的方法——植物甾醇与脂肪酸等有机酸酯化合成 PsE，不仅可以改善脂溶性，还可以显著降低 CHOL[212]。

PsE 的合成方法主要有化学法、酶法、离子液体法。

化学法是用植物甾醇与脂肪酸直接酯化合成 PsE 的方法，也是人们最广泛采用的方法。化学法的合成过程虽然因温度较高，发生副反应，但是其操作简单、成本低廉、合成产率高，适宜工业化生产。因此，在实际中应当控制反应温度，减少副反应发生，同时还要兼顾合成效率。化学法常用的催化剂有十二烷基硫酸钠系列催化剂、氧化钙、氧化铝、氧化锌等。Meng 等[213]采用氧化锌催化植物甾醇和脂肪酸的酯化反应，

温度 160～170 ℃，脂肪酸与植物甾醇的摩尔比 2～2.5：1，植物甾醇的酯化率可达 90% 以上。Yang 等[214]在没有催化剂的条件下进行研究，大豆甾醇和乙酸酐摩尔比为 1：1，在 135 ℃下反应 1.5 h，酯化率为 99.4%。潘丹杰等[215]采用自制氧化铜-纳米羟基磷灰石（CuO-NHAP）催化剂，在催化剂用量为 0.6%、酸醇摩尔比为 1.4：1、反应温度为 160 ℃、反应时间为 6 h 的条件下，酯化率为 99.3%。姜兴兴等[216]采用化学法合成大豆甾醇硬脂酸酯，醇酸摩尔比 1：1.2，反应温度 130 ℃，反应时间 8 h，硫酸氢钠催化剂用量为 5%，大豆甾醇硬脂酸酯产率为 95.0%，大豆甾醇转化率为 97.3%。Liu 等[217]以 4—十二烷基苯磺酸为催化剂，低温、无溶剂条件下植物甾醇与亚油酸酯化率达到 95% 以上。

酶法反应过程温和、副反应较少，但是反应时间长、成本较高，难以实现规模化生产。Vu 等[218]采用商业酶催化合成植物甾醇共轭亚油酸酯和植物甾醇中链脂肪酸酯，其中催化反应 48 h 后，其最大转化率分别为 28.3% 和 40.3%。Kim 等[219]采用脂肪酶催化合成植物甾醇油酸酯，在 51.3 ℃下反应 17.0 h，酯化率为 97.0%。Torrelo 等[150]在 50～60 ℃、酶催化条件下反应 3～4 h，植物甾醇与短中链长度脂肪酸的酯化率高达 90%。Panpipat、Dong 和 Xu[212]以南极假丝酵母脂肪酶 A（candida antarctica lipase A, CALA）为催化剂，成功合成了一系列 β-谷甾醇酯（$C_{2:0}$～$C_{18:0}$，$C_{18:1}$～$C_{18:3}$），产率为 90%。刘振春等[220]采用脂肪酶催化合成植物甾醇共轭亚油酸酯，在反应温度为 55.5 ℃、酶添加量为 6.6%、反应时间为 41.2 h 的条件下，酯化率达到 84.4%。Choi 等[221]采用商业酶催化向日葵油脂肪酸与植物甾醇合成植物甾醇酯，30 ℃下催化 6 h，转化率为 81%。

离子液体（ionic liquid）指在室温或室温附近呈液态的完全由离子构成的物质。在酯化反应中离子液体不仅可作为反应介质使用，还可作为催化剂使用。离子液体具有无污染、催化性能高、成本低等特点，有望应用于工业化生产。杨叶波等[222]选择 $ChCl \cdot 2SnCl_2$ 离子液体作为催化剂,用量为植物甾醇质量的8%,亚油酸与植物甾醇的摩尔比为2:1,反应温度为160 ℃,反应时间4 h,酯化率为89.7%;同时采用离子液体法合成月桂酸甾醇酯,酯化率高达92.3%[223]。霍玉洁[224]筛选出催化性能最好的离子液体 [HSO_3–pmim]HSO_4,采用肉桂酸和植物甾醇酯化制备肉桂酸植物甾醇酯,在酸醇摩尔比为2.5、反应时间为3.5 h、反应温度为150 ℃、离子液体用量为6%的条件下,酯化率可达92.4%。

报道PsE的系统合成的文献较少。Panpipat等[225]采用酶法合成了一系列的β-谷甾醇脂肪酸酯($C_2 \sim C_{18}$和$C_{18:1} \sim C_{18:3}$),并研究了其热性质与纳米分散体系的性质和稳定性[212]。植物甾醇酯载入脂质体的研究种类较为单一[163-164],没有系统的研究,研究中所涉及的植物甾醇酯需要自己制备。

合成后的植物甾醇酯含有未反应的植物甾醇和脂肪酸以及其他非目标产物,因此需要进一步分离纯化。常用于分离纯化植物甾醇酯的方法有溶剂萃取法[223, 226-227]、重结晶法[228-229]、硅胶柱层析法[223, 227]、洗涤法[230]和分子蒸馏法[231-232]。

本章以植物甾醇、$C_2 \sim C_{18}$(C_2、C_4、C_6、C_8、C_{10}、C_{12}、C_{14}、C_{16}、C_{18})脂肪酸为原料,采用酸酐酯化法、酰氯和羧酸直接酯化法合成PsE。通过柱层析纯化、FTIR、NMR和气相色谱-质谱联用(gas chromatography–mass spectrometry, GC-MS)分析鉴定产物,采用气相色谱法测定其含量,最后采用DSC测定其热性能。通过化学合成、柱层析纯化得到的($C_2 \sim C_{18}$)PsE,为后续脂质体的研究提供实验原料。

2.2　实验材料和实验仪器

2.2.1　实验材料

本章研究所用试剂如下：植物甾醇、乙酸酐、丁酸酐、己酸酐、辛酰氯、月桂酸、肉豆蔻酸、棕榈酸、硬脂酸、无水乙醇、正己烷、吡啶、硫酸氢钠、甲醇、蒸馏水和胆固醇（纯度大于98%）。

2.2.2　实验仪器

本章用到的实验仪器及设备如下：81-2型恒温磁力搅拌器、FTIR傅立叶变换红外光谱仪、SHZ-D（Ⅲ）循环水式真空泵、DZF-6050型真空干燥箱、400 MHz NMR仪器、Re-52A旋转蒸发仪、AUY-220型电子分析天平、GC-2010气相色谱仪、DF-101D集热式恒温加热磁力搅拌器、DSC 8000差示扫描量热仪和GC6890-MS5973气质联用仪。

2.3　实验方法

2.3.1　植物甾醇酯的合成方法

2.3.1.1　植物甾醇乙酸酯（phytosterol acetate ester, PAE）的合成

称量5.0 g植物甾醇于150 mL三口烧瓶中，再加入10 mL乙酸酐、

5 mL 无水吡啶；冷凝回流并加热搅拌 2 h，控制反应温度为 90 ℃，反应式如图 2-1 所示。反应结束后，向三口烧瓶中加入 100 mL 90 ℃左右的热水，并倒至分液漏斗中。加入热水是为了防止甾醇酯冷却固化，难以倒出。冷却至室温后，用 40 mL 乙醚萃取三次，合并萃取液。用体积比为 1∶8 的 HCl 溶液将吡啶分离出来，再用水洗至中性。用 5%Na$_2$CO$_3$ 溶液洗一次，再用水洗至中性。将萃取液转移至 150 mL 锥形瓶中，用无水 Na$_2$SO$_4$ 干燥 30 min，转移至 150 mL 圆底烧瓶中旋转蒸发出乙醚，用真空干燥箱真空干燥 6 h，得到粗品。

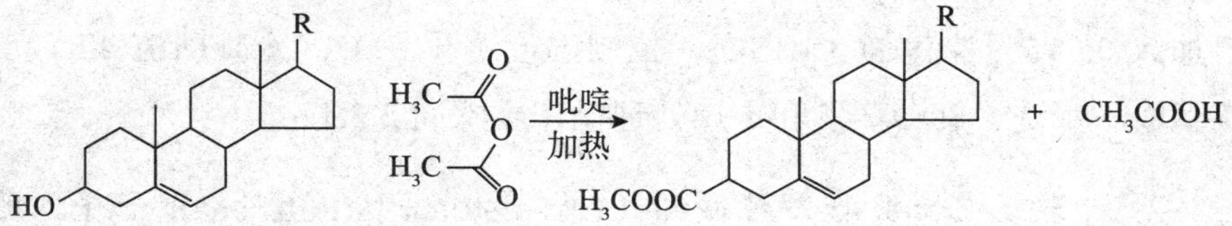

图 2-1 植物甾醇与乙酸酯的反应式

2.3.1.2 植物甾醇丁酸酯（phytosterol butyrate ester, PBE）的合成

PBE 的合成过程与 2.3.1.1 PAE 的合成过程基本相同，只需将反应温度调整为 110 ℃，将反应时间调整为 3 h。

2.3.1.3 植物甾醇己酸酯（phytosterol hexanoate ester, PHE）的合成

PHE 的合成过程与 2.3.1.1 PAE 的合成过程基本相同，只需将反应温度调整为 125 ℃，将反应时间调整为 4 h。

2.3.1.4 植物甾醇辛酸酯（phytosterol caprylic acid ester, PCE）的合成

PCE 采用酰氯法合成，具体步骤如下：将摩尔比为 1∶1.2 的植物甾醇和辛酰氯加入三口烧瓶，控制在 105 ℃条件下加热冷凝回流 2 h。向

三口烧瓶中加入 100 mL 热水，用 40 mL 乙醚萃取三次，合并萃取液。用体积比为 1 : 8 的 HCl 溶液洗一次，再用水洗至中性；用 5% Na_2CO_3 溶液水洗一次，再用水洗至中性。用无水硫酸钠干燥 30 min，转移至 150 mL 圆底烧瓶中，用旋转蒸发器蒸出乙醚，用真空干燥箱真空干燥 6 h，得到粗品。

2.3.1.5 植物甾醇癸酸酯（phytosterol decanoate ester, PDE）的合成

称取 5.0 g 植物甾醇、3.12 g 癸酸于三口烧瓶中，磁力搅拌加热溶解后加入 0.015 g 催化剂 $NaHSO_4$，控制温度为 115 ℃，冷凝回流 4 h。后续萃取、水洗、旋转蒸发和干燥处理操作步骤同 2.3.1.1。

2.3.1.6 植物甾醇月桂酸酯（phytosterol laurate ester, PLE）的合成

称取 5.0 g 植物甾醇、3.63 g 月桂酸于三口烧瓶中，磁力搅拌加热溶解后加入 0.15 g 催化剂 $NaHSO_4$，控制温度为 120 ℃，冷凝回流 4 h。后续萃取、水洗、旋转蒸发和干燥处理操作步骤同 2.3.1.1。

2.3.1.7 植物甾醇肉豆蔻酸酯（phytosterol myristic acid ester, PME）的合成

称取 5.0 g 植物甾醇、4.13 g 肉豆蔻酸于三口烧瓶中，磁力搅拌加热溶解后加入 0.02 g 催化剂 $NaHSO_4$，控制温度为 125 ℃，冷凝回流 4 h。后续萃取、水洗、旋转蒸发和干燥处理操作步骤同 2.3.1.1。

2.3.1.8 植物甾醇棕榈酸酯（phytosterol palmitate ester, PPE）的合成

称取 5.0 g 植物甾醇、4.64 g 棕榈酸于三口烧瓶中，磁力搅拌加热后加入 0.02 g 催化剂 $NaHSO_4$，控制温度为 130 ℃，冷凝回流 4 h。后续萃取、水洗、旋转蒸发和干燥处理操作步骤同 2.3.1.1。

2.3.1.9 植物甾醇硬脂酸酯（phytosterol stearate ester, PSE）的合成

称取 5.0 g 植物甾醇、5.10 g 硬脂酸酯于三口烧瓶中，磁力搅拌加热后加入 0.02 g 催化剂 $NaHSO_4$，控制温度为 130 ℃，冷凝回流 4 h。后续萃取、水洗、旋转蒸发和干燥处理操作步骤同 2.3.1.1。

2.3.2 植物甾醇酯的柱层析分离纯化

2.3.2.1 洗脱条件

洗脱剂为正己烷：乙醚（体积比）= 9：1。填料硅胶粒度为 100～200 目，填料高度为 65 cm，洗脱速度为 2 mL/min，每管的接收体积为 10 mL。

2.3.2.2 步骤方法

首先将硅胶活化处理，其步骤如下：取适量的硅胶置于 500 mL 烧杯中，用去离子水洗涤 3 次，然后用浓硫酸调节 pH 至 2.5，静置一夜。用去离子水洗至中性，置于干燥箱中，在 105 ℃下干燥 2 h，冷却至室温，备用。

本实验采用湿法装柱，为了避免气泡生成，先将适量正己烷倒入层析柱中，然后加入硅胶，并用玻璃棒搅拌均匀，倒入层析柱中。

将样品溶解于适量的正己烷中，然后缓慢注入已装好硅胶的层析柱中。用洗脱剂洗脱并分管收集样品。

分管收集的样品用直径为 0.3 mm 的毛细管在薄层板上点样，将点完样的薄层板放入装有展开剂的层析缸中展开。薄层板的展开剂挥发结束后，将薄层板放入碘缸中显色，通过观察原料及产物点的位置，验证产品是否纯净。

最后收集纯化后的产品，加入 150 mL 圆底烧瓶中，旋转蒸法除掉洗脱剂，得到纯化后的植物甾醇酯。

2.3.3 植物甾醇酯的气相色谱分析

PsE 的定量分析需要通过标准品得到标准曲线，但是购买九种甾醇酯的标准品较为困难，所以本书在研究中将甾醇酯皂化处理，通过测量皂化后的植物甾醇含量来推测产品 PsE 的纯度。另外，经检测本实验所使用植物甾醇含有三种植物甾醇，分别为 β-谷甾醇、菜油甾醇和豆甾醇，测定各种甾醇含量时均使用标样为 β-谷甾醇的标准曲线，因为甾醇结果的相似性，所以此操作带来的误差可以忽略。

2.3.3.1 气相色谱条件

色谱条件如下：采用 DB-5 石英毛细管气相色谱柱（30 m × 0.25 mm × 0.25 μm）、FID 检测器检测，载气为氮气，25 mL/min；尾吹气流速为 30 mL/min；柱温（程序升温）起始温度为 180 ℃，保持 1 min，以 30 ℃/min 速率升温至 300 ℃；进样温度为 300 ℃；检测器温度为 300 ℃；分流进样，分流比为 50∶1；进样量为 0.6 μL；柱压为 10 psi。

2.3.3.2 植物甾醇的皂化处理方法

称取 0.350 0 g PsE 样品，0.06 g 内标物胆固醇，5.0 g 氢氧化钠于圆底烧瓶中，加入 50 mL 乙醇，在 79 ℃下回流搅拌 30 min 后，向烧瓶中加入 25 mL 水并用 25 mL 正己烷萃取，最后取 2 mL 的上层液稀释 4 倍后进行气相检测。检测结果为样品中的甾醇含量。

2.3.3.3 标准曲线的绘制方法

称取 50 mg β-谷甾醇置于 25 mL 容量瓶中，用正己烷定容，得到 2 mg/mL 的标准品溶液。称取 50 mg 胆固醇于 25 mL 容量瓶中，用正己烷定容，得到 2 mg/mL 的内标物溶液，分别取 1.0 mL、1.5 mL、2.0 mL、2.5 mL、3.0 mL、4.0 mL 标准溶液，加入 1.0 mL 胆固醇溶液后稀释至

5 mL。采用气相色谱仪分析,进样量为 0.6 μL。将标准品中的植物甾醇与内标物的质量之比作为横坐标 X,将气相分析中植物甾醇的峰面积与内标物峰面积之比作为纵坐标 Y,得到标准曲线。

2.3.3.4 样品的定量分析

根据 2.3.3.2 介绍的方法处理样品,测得 Y,再根据标准曲线得到 X,其中植物甾醇含量为:

$$W = X * M_s / m$$

植物甾醇酯含量为:

$$Z = W * A / a$$

式中:M_s 为标准品中内标物胆固醇的质量;m 为植物甾醇酯样品的质量;A 为植物甾醇酯的分子量;a 为某种植物甾醇的分子量。

2.3.3.5 方法的精密度

分别称取 100 mg、50 mg 和 25 mg 植物甾醇样品于 25 mL 容量瓶中,加入胆固醇内标溶液 1.0 mL,用正己烷定容。每组平行测定 5 次,根据 2.3.3.3 的回归方程计算求出样品的总植物甾醇含量,总植物甾醇含量测定的相对标准偏差为 3.2%、2.6% 和 2.9%。

2.3.3.6 加标回收实验

称取 50 mg 的植物甾醇样品 10 份,置于 25 mL 容量瓶中,每份分别精确加入胆固醇内标溶液 1.0 mL。其中 5 份分别加入谷甾醇标准贮备液 1.0 mL,用正己烷定容,作为加标样品。在相同色谱条件下对待测样品和加标样品进行测定,按下列公式计算加标回收率,总植物甾醇含量的回收率为 96% ~ 101%。

$$R\% = [(X_1 - X_0) / M] \times 100\%$$

式中:$R\%$ 为加入标准物质的回收率;X_1 为加标样品的测定值;X_0 为待测样品的测定值;M 为加入标准物质的量。

2.3.4　植物甾醇酯的结构分析

2.3.4.1　PsE 的 FTIR 分析

本实验使用珀金埃尔默股份有限公司（PerkinElmer）的 Spectrum TWO 傅立叶变换红外光谱仪分析，其测量范围为 400～4 000 cm^{-1}，测试分辨率为 4 cm^{-1}，扫描 32 次。

2.3.4.2　PsE 的 NMR 分析

在进行 NMR 氢谱和碳谱分析时，内标物是四甲基硅烷，^{1}H 谱频率为 400 MHz，^{13}C 谱频率为 400 MHz。将干燥的产物溶解于 CDCl$_3$ 中，然后用 400 MHz Bruker Avance 进行 NMR 分析。

2.3.4.3　PsE 的气相色谱－质谱（GC-MS）分析

参照文献方法[233]，采用安捷伦 GC6890-MS5973 气质联用仪、DB-5HT 色谱柱（15 m×0.32 mm×0.10 μm）。载气为氦气，流速为 2 mL/min；进样口温度为 320 ℃，不分流进样；柱温（程序升温）起始温度为 200 ℃，保持 1 min，以 10 ℃/min 的速率升温至 300 ℃，保持 20 min；接口温度为 300 ℃，电离方式为 EI 源，电子能量为 70 eV；离子源温度为 200 ℃，检测电压为 2 350 mV；质量范围为 50～800 amu，扫描方式 Scan，进样量为 1 μL；溶剂延迟时间为 5.5 min。

2.3.5　植物甾醇酯的热分析

准确称量 3～8 mg 样品，转移至坩埚中，实验温度范围为 50～160 ℃，升温速率为 10 ℃/min，氮气流量为 40 mL/min。用 Pyris 13 分析 DSC 数据并绘制图。

2.4 结果与讨论

本实验中合成了 $C_2 \sim C_{18}$（C_2、C_4、C_6、C_8、C_{10}、C_{12}、C_{14}、C_{16}、C_{18}）9 种不同的脂肪酸 PsE，以 PAE 为例进行解析。

2.4.1 PAE 的气相色谱分析

2.4.1.1 标准曲线的绘制

按照 2.3.3.1 的气相色谱条件进行检测，对检测结果进行分析，可以得到 β-谷甾醇标准曲线，如图 2-2 所示。线性回归方程和相关系数如下：

$$Y = 0.9038X - 0.0051$$
$$R^2 = 0.9991$$

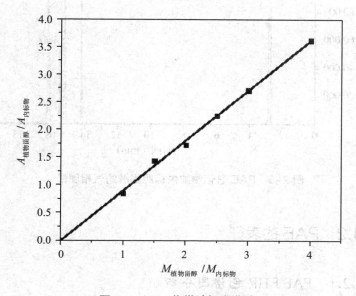

图 2-2 β-谷甾醇标准曲线

2.4.1.2 样品纯度分析

PAE 皂化物加内标胆固醇的气相图谱如图 2-3 所示。由标准曲线方程可得：

谷甾醇乙酸酯含量：$Y=2.567\ 678$；$X=2.846\ 623$；$C=0.487\ 993$；$Z_1=53.74\%$。

菜油甾醇乙酸酯含量：$Y=0.650\ 868$；$X=0.725\ 789$；$C=0.124\ 421$；$Z_2=13.75\%$。

豆甾醇乙酸酯含量：$Y=1.360\ 83$；$X=1.511\ 318$；$C=0.259\ 083\ 152$；$Z_3=28.55\%$。

植物甾醇乙酸酯纯度：$Z=Z_1+Z_2+Z_3=96.04\%$。

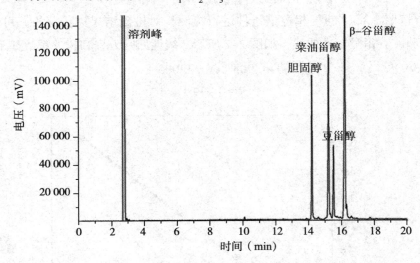

图 2-3 PAE 皂化物加内标胆固醇的气相图谱

2.4.2 PAE 的表征

2.4.2.1 PAE FTIR 色谱图分析

FTIR 是通过检测分子内部原子间的相对振动和分子转动等来确定物

质分子结构的。PS 与 PAE 的红外光谱图如图 2-4、图 2-5 所示。

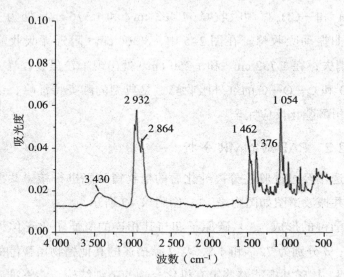

图 2-4 PS 红外光谱图

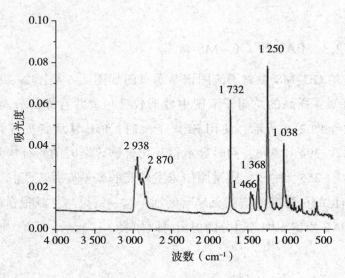

图 2-5 PAE 红外光谱图

在图 2-4 中，3 430 cm^{-1} 附近的宽峰是甾醇分子上羟基的伸缩振动吸收峰，1 054 cm^{-1} 处为羟基弯曲振动峰；2 932 cm^{-1} 和 2 864 cm^{-1} 处分别为—CH$_3$ 和—CH$_2$ 振动吸收峰；1 462 cm^{-1} 和 1 376 cm^{-1} 处为—CH$_3$ 和—CH$_2$ 弯曲振动吸收峰。在图 2-5 中，3 300 cm^{-1} 附近无吸收峰，说明—OH 的消失；在 1 732 cm^{-1} 和 1 250 cm^{-1} 处出现了较强吸收峰，这分别是—C=O 和 C—O—C 的红外吸收峰，是典型的酯类特征峰，说明乙酸酐与植物甾醇酯化反应完全。

2.4.2.2 PAE 的 NMR 分析

本书选用经过硅胶柱分离纯化后的植物甾醇酯进行核磁共振波谱检测，核磁共振波谱图如图附录 –1、图附录 –2 所示。

由于酯键的形成，3 号碳原子和与其相连的氢质子化学位移都向低波数移动，δ 分别为 72.7 和 4.5，与文献描述的其他植物甾醇酯的化学位移一致[234]。核磁共振能够鉴定有机化合物的精细结构，能够准确地表征合成产物的化学结构。通过以上的核磁共振波谱分析，可确定终产物为 PAE。

2.4.2.3 PAE 的 GC–MS 结果

PAE 的 GC–MS 总离子流图谱及质谱图如图 2-6 至图 2-9 所示。由图 2-6 可知，样品的总离子流图中峰形较理想，并且样品分离效果好。如图 2-7 至图 2-9 所示，使用 EI 离子源时，PsE 显示特征碎片离子峰 m/z 为 382、394 和 396，同时显示甾醇化合物碎裂时的特征碎片离子峰 m/z 为 147、255。然而，质谱图中未发现脂肪酰基碎片离子，因此不同脂肪酸酯化的甾醇酯质谱图无显著区别，这一结果与文献报道的结果一致[228]。PAE 质谱图中各组分的保留时间如表 2-1 所示。

2 植物甾醇酯的合成、分离纯化及表征

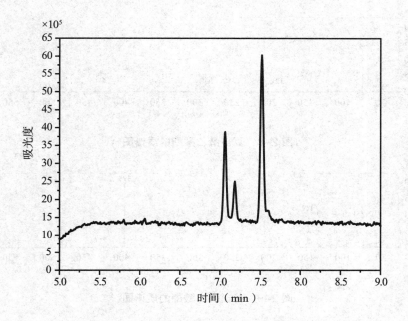

图 2-6　PAE 的 GC-MS 总离子流图谱

表 2-1　PAE 质谱图中各组分的保留时间

出峰顺序	组分名称	保留时间（min）
1	菜油甾醇乙酸酯	7.06
2	豆甾醇乙酸酯	7.19
3	谷甾醇乙酸酯	7.53

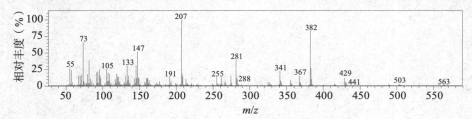

图 2-7　菜油甾醇乙酸酯的质谱图

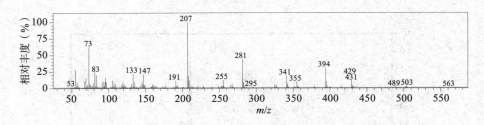

图 2-8　豆甾醇乙酸酯的质谱图

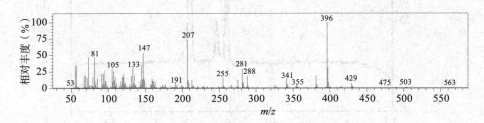

图 2-9　谷甾醇乙酸酯的质谱图

2.4.3　植物甾醇乙酸酯的热分析

PS 和 PAE 的热相图如图 2-10 所示。植物甾醇的熔点为 139.09 ℃，与文献 [212] 报道的数据 136～140 ℃接近。植物甾醇与脂肪酸发生酯化反应后，在甾醇结构中引入了一个脂肪族酰基，其熔点显著降低。

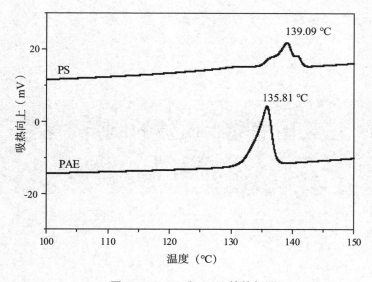

图 2-10 PS 和 PAE 的热相图

其他样品的 FTIR 和 NMR 表征如图附录 -3 至图附录 -33 所示。

2.5 本章小结

本章首先以植物甾醇、$C_2 \sim C_{18}$（C_2、C_4、C_6、C_8、C_{10}、C_{12}、C_{14}、C_{16}、C_{18}）脂肪酸为原料，采用酸酐酯化法、酰氯和羧酸直接酯化法合成了一系列的植物甾醇酯，能够满足后续实验研究的要求；其次通过柱层析纯化、气相色谱法测定其纯度在 95% 以上，通过 FTIR、NMR 和 GC-MS 分析鉴定了产物的结构；最后通过 DSC 测其热性能，表明不同脂肪酸酯键的形成降低了植物甾醇的相变温度。

3 植物甾醇酯脂质体的制备、表征及稳定性

3.1 概述

营养学研究[235-236]表明因为 PS 和 PsE 具有降低胆固醇的作用,因此添加在饮食中对人们的健康有益处。PsE 能够在人体肠道内酶解为甾醇和脂肪酸,所以其生理功能包括 PS 和脂肪酸所具有的生理功能,与 PS 相比,PsE 显然有更好的应用前景。PsE 构建脂质体的研究较少[163-164],目前主要是将商业 PsE 产品或与 PS 混合物作为研究对象,并且考察仅限于对水溶性营养素脂质体包封率和稳定性的影响,以及在脂质双分子层的存在状态。因此,明确具体的不同链长脂肪酸 PsE 对脂质体物理性质及其稳定性的影响是本书需要解决的关键问题之一,尤其是需要阐明不同链长、不同载量 PsE 与脂质体物理性质和稳定性的内在关系。

用于制备脂质体的膜材有合成的磷脂和天然的磷脂,虽然合成的磷脂性质较为稳定,但是价格较贵,同时可能有毒性,因此用于食品或保健品等方面研究的脂质体多采用天然磷脂作为膜材。大豆磷脂酰胆碱(soy phosphatidylcholine, SPC)作为一种食品添加剂,来源丰富、价格

较低，同时具有良好的生物相容性、生物降解性，可以广泛应用于营养物或生物活性物质脂质体的制备。通过分析预实验结果发现，由于 PsE 的脂溶性大于 PS，掺入脂质体的量很少，这对后续的研究非常不利。为了增加 PsE 在脂质体中的掺入量，在构建脂质体时可适量加入非离子表面活性剂吐温-80 作为助溶剂，来制备脂质体。

本书在研究中拟将上一章合成、纯化的 $C_2 \sim C_{18}$ 不同链长脂肪酸植物甾醇酯和 SPC 作为膜材，采用薄膜-超声法制备脂质体，研究不同链长脂肪酸植物甾醇酯对储藏稳定性（4 ℃和 25 ℃）和脂质体物理性质的影响，如粒径、多分散指数（polydispersity index, PDI）、电位及微观形貌，旨在考察 PsE 在构建脂质体过程中与 SPC 的兼容性，从而为构建具有功能性、稳定的脂质体提供理论与实践依据。

3.2 实验材料及设备

3.2.1 实验材料

采用的主要材料如下：大豆磷脂酰胆碱（纯度＞98%）、吐温-80、$C_2 \sim C_{18}$ 植物甾醇酯、植物甾醇（纯度＞98%）、胆固醇（纯度＞95%）和 β-谷甾醇标准品（纯度＞99.99%）。

3.2.2 实验仪器与设备

采用的实验仪器和设备如下：RE-52A 恒温旋转蒸发仪、TGL-16G 离心机、PHS-3C pH 计、HN-500 超声波材料乳化分散器、Zetasizer Nano ZS 粒度仪、GC-2010 气相色谱仪、HT7700 透射电子显微镜和 Infinity 原子力显微镜。

3.3 实验方法

3.3.1 脂质体制备

准确称取 80 mg 大豆磷脂酰胆碱、40 mg 吐温 –80，适量 $C_2 \sim C_{18}$ 植物甾醇酯或植物甾醇和胆固醇于 100 mL 烧瓶中，加入 10 mL 氯仿/甲醇（体积比 2∶1）有机溶剂溶解，避光 30 min 以上。在 50 ℃下梯度调节真空度，旋出有机溶剂 1 h，形成一层透明、均匀的脂质膜，附着于烧瓶壁上。之后，加入 10 mL 0.02 mol/L、pH 为 7.4 的磷酸盐缓冲溶液洗膜 10 min，得到脂质体粗液。采用探头式超声装置超声 8 min，调节超声时间 1 s，间隔 1 s，功率为 200 W，得到淡蓝色光晕的脂质体乳液。每种脂质体均制备 3 个平行样品。

3.3.2 脂质体的粒径、多分散性指数和电位测定

使用 Zetasizer Nano ZS 动态光散射（dynamic light scattering, DLS）测定脂质体的粒径、PDI 及电位。脂质体样品用超纯水稀释 100 倍。设定测量温度为 25 ℃，散射角为 90°，测量粒径、PDI 平衡时间为 20 s，测量电位平衡时间为 120 s。每个样品平行测定三次，取其平均值。

3.3.3 脂质体微观形态结构的观察

使用透射电子显微镜（transmission electron microscope, TEM）观察：用超纯水稀释脂质体 2 倍，取 1 ~ 2 滴样品滴于附有碳膜的铜网上，保持 8 min；用滤纸吸干多余液体；再滴加 1 ~ 2 滴 2% 的磷钨酸溶液染色

5 min；用滤纸吸干多余液体，用透射电子显微镜观察并拍照。

使用原子力显微镜（atomic force microscope, AFM）观察：用超纯水稀释 4 000 倍脂质体悬液；滴一滴稀释后的脂质体在硅片上，放置 15 min，用滤纸吸去多余的液体。在室温下保存 15 min 后，用超纯水漂洗脂质体样品，除去未吸附的脂质体囊泡和缓冲液的盐；15 min 后再次漂洗，在室温下放置 2 h 后用原子力显微镜分析。将样品置于原子力显微镜的 Si 探针扫描探头下，以 Scan Asyst 模式扫描，在空气中扫描频率为 1.00 Hz，弹簧系数为 26 N·m^{-1}。在环境条件下使用 MFP-3D infinity 原子力显微镜处理 AFM 图像。

3.3.4 脂质体包封率的测定

3.3.4.1 PsE 的定量分析

采用内标 - 标准曲线法，以角鲨烷为内标物，根据测得的植物甾醇的含量，换算出相应的 PsE 的含量。

气相色谱分析条件如下：气相色谱仪 GC-2010；色谱柱为 DB-1HT 色谱柱；检测器为 FID。载气为氮气，25 mL/min；气体流量为氢气 30 mL/min，空气 300 mL/min；进样口温度为 300 ℃；分流进样，分流比为 50∶1；柱温程序升温，起始温度为 180 ℃，保持 1 min，以 30 ℃/min 的速率升温至 300 ℃，保持 10 min；检测器温度为 300 ℃；进样量为 1.0 μL，柱压为 10 psi。角鲨烷和 β- 谷甾醇出峰保留时间如图 3-1 所示。

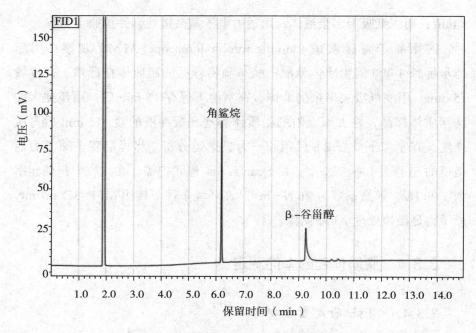

图 3-1 角鲨烷和 β-谷甾醇出峰保留时间

3.3.4.2 标准曲线

1. 标准溶液配制

准确称取角鲨烷 100 mg 于 25 mL 容量瓶中,用正己烷定容,作为内标标准溶液。准确称取 β-谷甾醇标准品 100 mg,用正己烷溶解,定容至 50 mL,作为 β-谷甾醇标准贮备液。分别取 0 mL、0.5 mL、1.0 mL、2.0 mL、4.0 mL、6.0 mL、8.0 mL β-谷甾醇标准贮备液于 10 mL 容量瓶中,在各瓶中加入角鲨烷内标溶液 1.0 mL,然后定容至 10 mL。该标准溶液的浓度范围是 0.1 ~ 1.6 mg/mL。

2. 标准曲线

植物甾醇气相色谱定量分析,将加有角鲨烷的 β-谷甾醇系列标准溶液每个样品进样量为 1 μL;重复三次,取峰面积平均值;将系列标准溶液中内标物与 β-谷甾醇峰面积之比 (A_s/A_i) 作为横坐标 X,内标物浓度

与 β- 谷甾醇浓度之比（M_s/M_i）作为纵坐标 Y，得到 β- 谷甾醇与内标物的相关曲线，如图 3-2 所示。线性回归方程和相关系数如下。

$$Y=0.539\,0X+0.067$$

$$R^2=0.999\,0$$

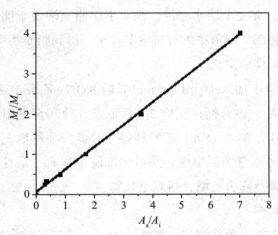

图 3-2　β- 谷甾醇 - 内标标准曲线

3. 方法的精密度和回收率

（1）重复性实验。称取 50 mg 植物甾醇于 25 mL 容量瓶中，加入内标溶液 0.5 mL，用正己烷定容至刻度。平行测定 5 次，根据上述标准曲线计算样品的植物甾醇含量，测定结果相对标准偏差为 3.6%。

（2）加标回收实验。称取 25 mg 的植物甾醇样品 10 份于 25 mL 容量瓶中，每份分别精确加入角鲨烷内标溶液 0.5 mL，其中 5 份再分别加入 β- 谷甾醇标准贮备液 0.5 mL，用正己烷定容。相同条件下测定样品和加标样品，计算加标回收率，回收率为 96% ~ 103%。

3.3.4.3　PsE 包封率的测定

1. 离心除去未包埋的 PsE

制备的脂质体在 10 000 g 条件下离心 10 min，除去未包埋的 PsE 沉淀，收集上清液，供进一步分析。

2. 提取脂质成分

先向 4 mL 离心后脂质体乳液中加入 5 mL 三氯甲烷和 10 mL 甲醇，再加入 5 mL 三氯甲烷和 5 mL 蒸馏水混合。样品呈现水相上层和富含脂质的下层体系，弃去上层水相液，收集下层脂质溶液于圆底烧瓶中。采用真空旋蒸法将脂质溶液中的有机溶剂蒸干，得到脂质物质。

3. 植物甾醇酯的皂化

向脂质物质中加入 10 mL 1.0 mol/L 的 KOH–乙醇溶液，置于 80 ℃ 水浴中冷凝回流，磁力搅拌反应 2 h 后取出，冷却至室温，加入饱和氯化钠溶液 20 mL，加入 15 mL 乙醚转移至分液漏斗萃取三次，合并萃取液；用蒸馏水将乙醚洗至中性，然后向乙醚中加入一定量的无水硫酸钠脱水，过滤，旋蒸除去乙醚，得到皂化物。

4. 计算包封率

向皂化物中加入角鲨烷内标溶液 1.0 mL，用正己烷定容至 5 mL，供气相色谱检测。将内标物的峰面积与 β–谷甾醇的峰面积比（X）代入标准曲线方程，计算出浓度比 Y，再根据已知内标物的浓度可以计算出 β–谷甾醇的浓度，进而计算出 β–谷甾醇的含量，再换算为植物甾醇酯的量。

包封率可按下式计算：

$$包封率（\%）=\frac{包埋植物甾醇酯的量}{加入植物甾醇酯的量}\times 100\%$$

3.3.5 脂质体的贮藏稳定性

将制得的所有脂质体分别于 4 ℃、25 ℃ 下储藏，测定其稳定性。脂质体的稳定性由其粒径、PDI、电位变化来表征。在 4 ℃ 下，分别取 0 d、7 d、15 d、21 d 和 30 d 的样品进行检测；在 25 ℃ 下，分别取 0 d、3 d、

6 d、10 d、13 d 的样品进行检测。

3.3.6 数据分析

采用 IBM SPSS 21.0 统计软件进行方差分析，在 $P < 0.05$ 显著性水平下进行邓肯多重范围检验。每个样品有 3 个平行样。

3.4 结果与讨论

3.4.1 不同植物甾醇酯、胆固醇和植物甾醇对脂质体物理性质的影响

脂质体粒子在体系中做布朗运动，越小的粒子对抵抗重力有更高的稳定性[237-238]。多分散指数（PDI）是衡量脂质体粒径大小分布的一个指标，粒径分布越集中、越均匀，PDI 越小。一般认为 PDI < 0.3，脂质体粒径分布均匀。

3.4.1.1 不同植物甾醇酯、胆固醇和植物甾醇脂质体的粒径和 PDI

短链脂肪酸 PsE 脂质体的粒径和 PDI 如图 3-3 所示。由图 3-3 可知，随着 PAE 掺入量的增加，脂质体粒径无显著变化（$P > 0.05$）；PBE 掺入量为 8 mg 时，脂质体粒径增大（$P < 0.05$）；而 PHE 掺入量为 6 mg、8 mg 时，粒径增大（$P < 0.05$）。与 SPC 脂质体比较，三种 PsE 构建的脂质体 PDI 明显增大（$P < 0.05$），但是随掺入量的增大而无显著变化（除了 PHE 掺入量为 8 mg），PDI 均小于 0.3。而在 PAE 和 PBE 掺入量为 2 mg 时，出现了粒径变小的现象，这可能是脂质膜横向排列更加紧密的原因。

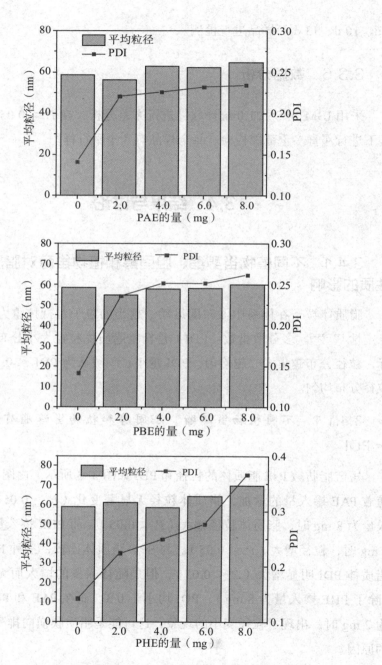

图 3-3 短链脂肪酸 PsE 脂质体的粒径和 PDI

中、长链脂肪酸 PsE 脂质体的粒径和 PDI 如图 3-4 至图 3-6 所示。随着中、长链脂肪酸 PsE 掺入量的增加，粒径逐渐增大（$P < 0.05$），尤其是脂肪酸的链长越长，粒径增加越显著。在此条件下，PDI 也逐渐增大，尤其是在高掺入量时，PDI＞0.3，说明此时的脂质体粒径分布不均匀。

PsE 能够掺入脂质双层分子的量是有限的，达到最大掺入量后，脂质体会出现粒径、PDI 显著增大的现象。因此，可以根据以上粒径、PDI 结果推断 PsE 的最大掺入量，分别是 PAE＞8 mg、PBE 8 mg、PHE 6 mg、PCE 6 mg、PDE 6 mg、PLE 2 mg、PME 2 mg、PPE 1 mg 和 PSE 1 mg。

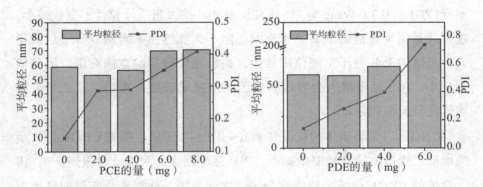

图 3-4　PCE、PDE 掺入量不同时脂质体的粒径和 PDI

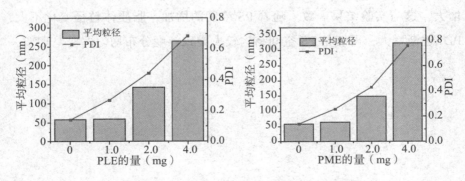

图 3-5　PLE、PME 掺入量不同时脂质体的粒径和 PDI

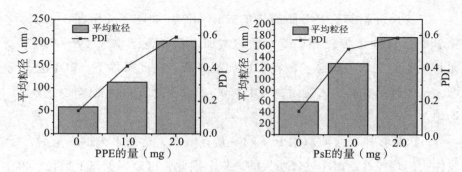

图 3-6　PPE、PsE 掺入量不同时脂质体的粒径和 PDI

综上所述，PsE 的掺入量决定着脂质体的粒径大小和 PDI，并且链长越长，最大掺入量越低。在低于最大掺入量的情况下，脂质体粒径大小不变，PDI ＜ 0.3。Wang 等[164]研究发现 PsE 掺入脂质体粒径不变或减小。这可能是由于短链的 PsE 分子空间位阻小，能够掺入磷脂双分子层的量大；长链的 PsE 分子空间位阻较大，而脂质膜双层的空间有限，因此掺入量小。PsE 过量掺入会导致脂质膜的溶胀或破裂、重组，从而增大脂质体粒径大小和分布。

CHOL、PS 脂质体的粒径和 PDI 如图 3-7 所示。随着 CHOL 掺入量的增加，脂质体的粒径略微减小，PDI 逐渐变大。根据文献报道[239]，掺入少量的 CHOL 会减小磷脂双分子层之间空隙，使得脂质膜横向排列更加紧密，从而使脂质体的粒径略微减小；掺入量增大后，粒径增大，PDI 增大，这与实验结果一致。随着 PS 浓度的增加，脂质体粒径变化不大，PDI 逐渐增大，可能是 PS 空间结构较大导致粒度分布均匀性变差[240]。

3 植物甾醇酯脂质体的制备、表征及稳定性

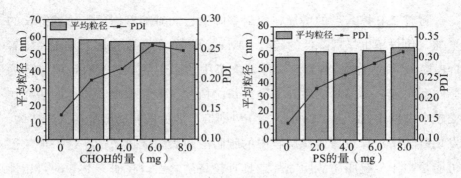

图 3-7 CHOL、PS 脂质体的粒径和 PDI

3.4.1.2 不同植物甾醇酯脂质体的包封率

不同植物甾醇酯脂质体的包封率如图 3-8 所示。

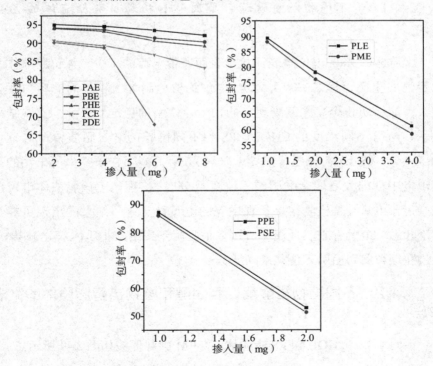

图 3-8 不同植物甾醇酯的包封率

随着 PsE 掺入量的增加，包封率降低；同时随着构成脂肪酸链长的增加，包封率也呈现降低的趋势。Wang 等 [164] 的研究也同样发现，随着 PsE 掺入量的增大，包封率减小。文献中所采用的 PsE 没有说明具体的脂肪酸组成，本书对一系列不同链长的植物甾醇酯构建脂质体的研究在文献中未见相关报道。Salmon 等 [241] 研究了胆固醇脂肪酸酯掺入脂质体，发现链长增加导致掺入双层膜中的脂肪酸胆固醇酯量减少，这一现象很可能是由于长链脂肪酸胆固醇酯具有较高的熔点。在研究 PsE 的热相性过程中发现，PsE 的熔点随着链长的增大而升高，但仍低于 PS 的熔点。因此，长链 PsE 掺入脂质膜中的量，除了与其分子空间位阻有关外，还可能与其熔点有关。

3.4.1.3 不同植物甾醇酯、胆固醇和植物甾醇脂质体的 Zeta 电位

脂质体的 Zeta 电位是表征粒子表面所带电荷的多少、评价胶体体系稳定性的重要指标之一 [242]。Zeta 电位绝对值越大，粒子间的斥力就会越大，能够防止聚集、絮凝现象的发生，体系的稳定性较大。实验结果显示，所有不同浓度的 CHOL、PS 和不同链长的 PsE 脂质体，电位均在 $-17 \sim -15$ mV，无显著差异（$P > 0.05$）。本书在研究中所采用的是呈现电中性的大豆磷脂酰胆碱（纯度 > 98%），理论上该脂质体电位应该趋近于 0，但是检测结果呈现中等的电负性。这一结果的出现可能是由于吐温 -80 的存在，吐温 -80 可以被吸附到或纳入脂质体双分子层中，通过在颗粒剪切面引入位移来降低 Zeta 电位 [243-244]。

3.4.2 不同植物甾醇酯、胆固醇和植物甾醇脂质体的微观形貌

不同 PsE、CHOL 和 PS 脂质体的 TEM 微观形貌如图 3-9 所示。

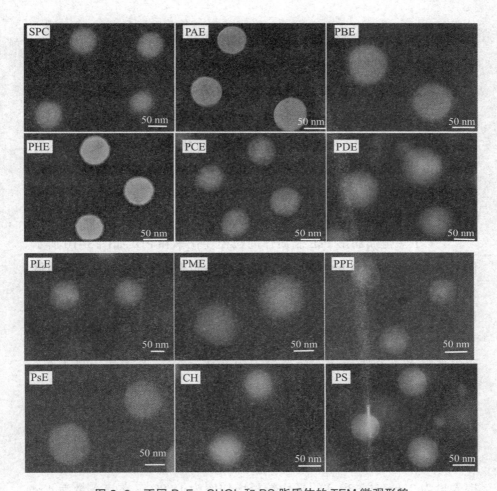

图 3-9 不同 PsE、CHOL 和 PS 脂质体的 TEM 微观形貌

由图 3-9 可知，脂质体外观均呈球形，视野范围内粒径分布均匀。TEM 观察不同掺入量 PsE 脂质体，未发现不同掺入量对脂质体微观形貌的影响，与 DLS 结果不符。这可能是由于 PsE 的载入量达到饱和后，多余的 PsE 会以晶体的形式存在于脂质乳液中，而 DLS 检测的是乳液的平均粒径。

3.4.3 植物甾醇酯脂质体的物理稳定性

3.4.3.1 4 ℃下植物甾醇酯、胆固醇和植物甾醇脂质体的物理稳定性

脂质体是热力学不稳定体系，脂质体颗粒可以自发地聚集、融合、絮凝和沉淀，造成脂质体物理形态、结构不稳定[245]，因此脂质体的物理稳定性是评价其质量的重要指标之一，主要表现为粒径及粒度分布增大或包封物的泄漏等。本书主要考察脂质体粒径和PDI的变化。

4 ℃下短链脂肪酸PsE脂质体的粒径变化率和PDI如图3-10所示。储藏30 d时，掺入4 mg PAE和PBE构建的脂质体平均粒径增加率最低，分别为13.1%和12.1%，而在其他掺入量条件下，30 d的平均粒径均远远低于SPC脂质体54.7%的增加率；PHE在所有掺入量条件下，30 d的平均粒径表现为负增长，出现这一现象的原因尚待进一步研究。同时，短链脂肪酸PsE脂质体在放置过程中PDI＜0.3（除了掺入量为8 mg时），粒径分布较均匀。这表明短链脂肪酸PsE的掺入可以有效地抑制脂质体的聚集、融合，从而增加脂质体的物理稳定性。

4 ℃下中链脂肪酸PsE脂质体的粒径变化率和PDI如图3-11所示。PCE脂质体在30 d内的平均粒径无显著变化，PDI均有所降低。PDE在掺入量为2 mg时，30 d的平均粒径增加率为18.8%，在掺入量为4 mg时粒径增加率97.4%，而在掺入量为6 mg时，脂质体粒径增加率反而降低。PLE在掺入量为1 mg时，30 d脂质体平均粒径增加率16.3%；在掺入量为2 mg和4 mg时，平均粒径均低于原始粒径。PDE和PLE脂质体粒径的变化率在高掺入量时降低，可能是由于在此条件下脂质体已经发生了聚集、融合并形成了沉淀，因此导致脂质乳液的粒径变化不大。PDE和PLE脂质体的PDI在30 d时均有所降低，同样也印证了脂质体出现沉淀而使上层乳液囊泡更加均一，同时表明中链长度的脂肪酸PsE

在低于最大掺入量时,脂质体的稳定性增加;然而达到或超过最大掺入量后,脂质体会出现聚集、融合及沉淀,稳定性下降。

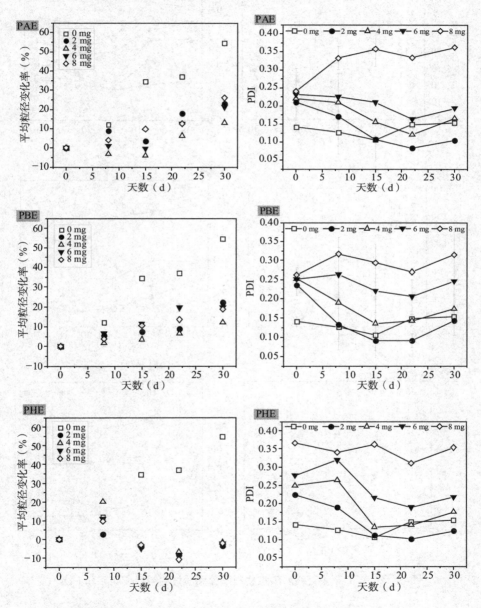

图 3-10　4 ℃下短链脂肪酸 PsE 脂质体的粒径变化率和 PDI

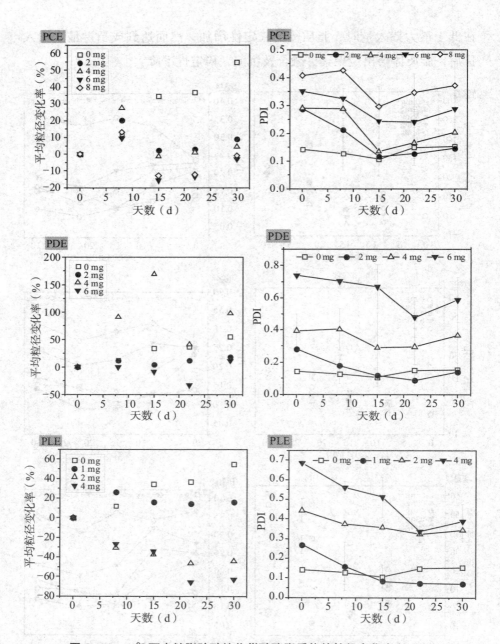

图 3-11　4 ℃下中链脂肪酸植物甾醇酯脂质体的粒径变化率和 PDI

4 ℃下长链脂肪酸 PsE 脂质体的粒径变化率和 PDI 如图 3-12 所示。

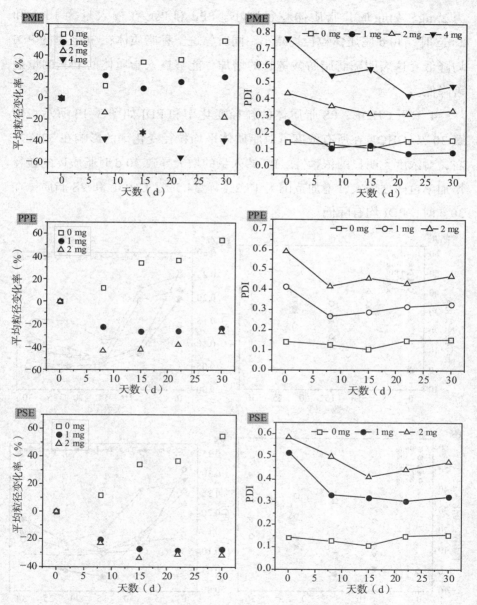

图 3-12　4 ℃下长链脂肪酸 PsE 脂质体的粒径变化率和 PDI

PME 掺入量为 1 mg 时，脂质体 30 d 粒径增加率为 20.8%，掺入量为 2 mg、4 mg 时，脂质体粒径减小。PPE 和 PsE 在掺入量为 1 mg 和 2 mg 时，30 d 脂质体粒径均减小。同时，这三种脂质体在 30 d 时的 PDI 均降低。这表明随着脂肪酸链长的增加，能够掺入脂质体的 PsE 的量显著降低。

4 ℃下 CHOL、PS 脂质体的粒径变化率和 PDI 如图 3-13 所示。储藏 30 d，CHOL 在所有浓度下对脂质体平均粒径变化率的影响在 32% 左右，对浓度无明显的依赖性。PS 掺入量的增大导致 30 d 时脂质体的粒径增加率也随之增大，增加范围为 17.2% ~ 34.5%。CHOL 和 PS 脂质体在 30 d 时，PDI 均有降低。

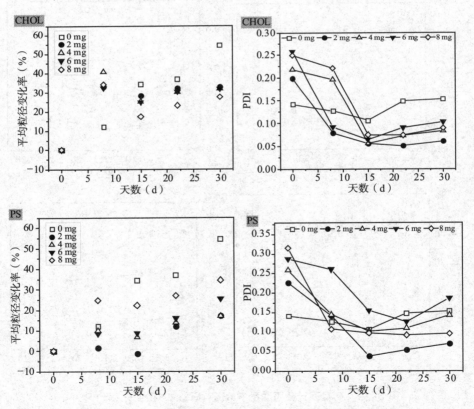

图 3-13　4 ℃下 CHOL、PS 脂质体的粒径变化率和 PDI

综上所述，在低于最大掺入量时，4 ℃下放置 30 d，脂质体平均粒径的变化率低于或接近于 CHOL 和 PS 脂质体，具有一定的抑制脂质体聚集、融合和沉淀的作用，提高了脂质体的物理稳定性。

3.4.3.2　25 ℃下植物甾醇酯脂质体的储藏稳定性

25 ℃下短链 PsE 脂质体的粒径变化率和 PDI 如图 3-14 至图 3-16 所示。

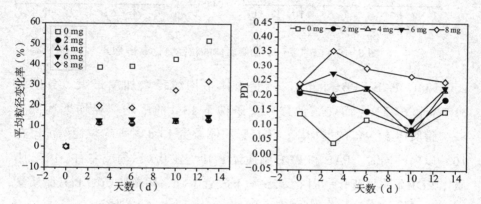

图 3-14　25 ℃下 PAE 脂质体的粒径变化率和 PDI

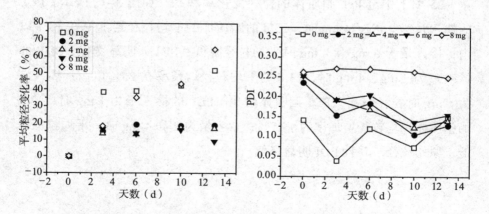

图 3-15　25 ℃下 PBE 脂质体的粒径变化率和 PDI

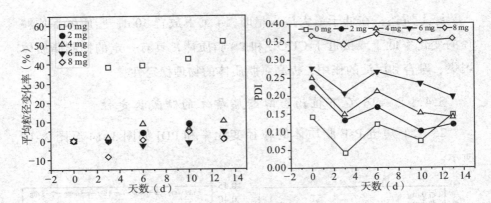

图 3-16 25 ℃下 PHE 脂质体的粒径变化率和 PDI

13 d，PAE、PBE 8 mg 时，脂质体平均粒径增加率最大，分别为 31.7% 和 64.3%，而在其他掺入量条件下 13 d 的平均粒径均远远低于 SPC 脂质体 51.9% 的增加率；PHE 脂质体放置 13 d 时平均粒径增加率在 10% 以内。同时，PAE 和 PBE 脂质体 PDI 均在 0.3 以内或左右，PHE 脂质体 PDI 无明显变化。因此，25 ℃下放置 13 d，短链脂肪酸 PsE 脂质囊泡粒径增加率低于 SPC 脂质体，PDI ＜ 0.3，粒径分布均匀。

25 ℃下中链 PsE 脂质体的粒径变化率和 PDI 如图 3-17 所示。PCE 的掺入量为 2 mg、4 mg 时，13 d 的脂质体的平均粒径增加率在 13% 以内；掺入量为 6 mg 和 8 mg 时平均粒径降低，PDI 无明显变化。PDE 的掺入量为 2 mg、4 mg 时，13 d 的平均粒径增长率在 25% 以内；掺入量为 6 mg 时粒径减小，PDI 无明显变化。PLE 的掺入量为 1 mg 时，13 d 的脂质体平均粒径增加率为 19.3%；掺入量为 2 和 4 mg 时，平均粒径均低于原始粒径，并且 PDI 明显降低。

3 植物甾醇酯脂质体的制备、表征及稳定性

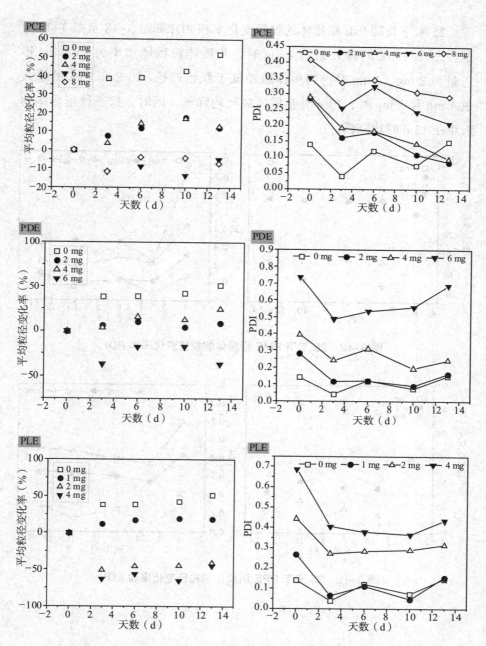

图 3-17 25 ℃下中链脂肪酸植物甾醇酯脂质体的粒径变化率和 PDI

25 ℃下长链 PsE 脂质体的粒径变化率和 PDI 如图 3-18 至图 3-20 所示。13 d, PME 的掺入量为 1 mg 时,脂质体粒径增加率为 15.7%;掺入量为 2 mg、4 mg 时,脂质体粒径低于原始粒径。PPE 和 PSE 的掺入量 1 mg 和 2 mg 时,13 d 时脂质体粒径均降低。同时,这三种脂质体的 PDI 在 13 d 时均降低。

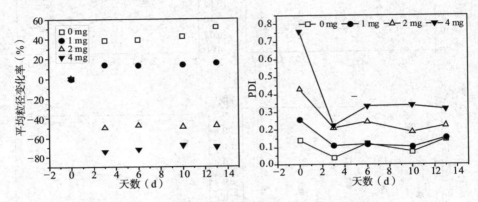

图 3-18　25 ℃下 PME 脂质体的粒径变化率和 PDI

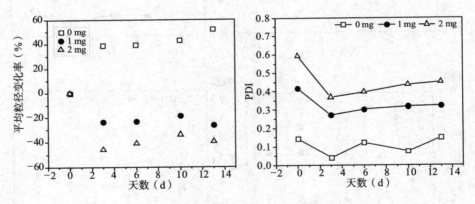

图 3-19　25 ℃下 PPE 脂质体的粒径变化率和 PDI

3 植物甾醇酯脂质体的制备、表征及稳定性

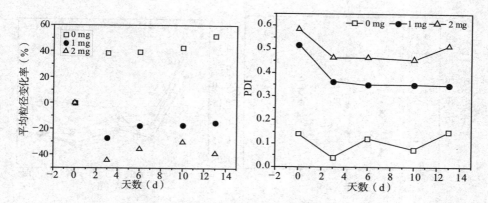

图 3-20　25 ℃下 PsE 脂质体的粒径变化率和 PDI

在 25 ℃下放置过程中，随着掺入量的增加，中、长链脂肪酸 PsE 脂质体的粒径变化率降低甚至出现负值，PDI 降低，这可能是因为脂质体不稳定，在放置过程中发生了脂质体的融合、絮凝和沉淀，上层是未沉淀的较小粒子，而在用 DLS 检测时，只检测了上清液。

25 ℃下，CHOL、PS 脂质体的粒径变化率和 PDI 如图 3-21 至图 3-22 所示。25 ℃下放置 13 d，CHOL、PS 脂质体平均粒径的变化趋势与在 4 ℃下一致。

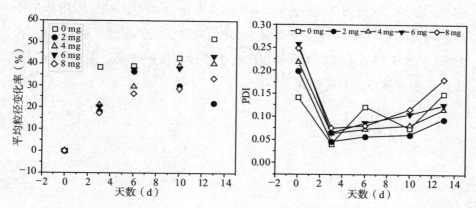

图 3-21　25 ℃下 CHOL 脂质体的稳定性

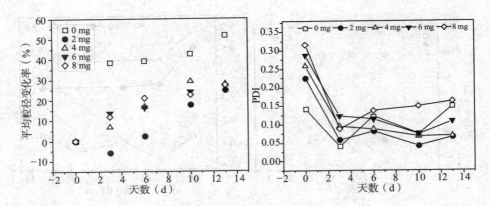

图 3-22 25 ℃下 PS 脂质体的稳定性

综上所述，在低于最大掺入量时，25 ℃下放置 13 d，脂质体平均粒径的变化率低于或接近于 CHOL、PS 脂质体，具有一定的抑制脂质体聚集、融合和沉淀的作用，提高了脂质体的物理稳定性。

3.4.3.3 脂质体在放置过程中的微观形貌变化

脂质体在储藏过程中由于热力学不稳定性而出现聚集、融合和沉淀，本书通过使用 AFM 观察到了 SPC、PBE 脂质体在不同条件下的微观形貌，如图 3-23 至图 3-24 所示。0 d 时，观察到 SPC、PBE 脂质体单个球形囊泡的均匀分布。4 ℃下储藏 30 d 时，SPC 脂质体出现了聚集、融合；25 ℃下储藏 13 d，PBE 脂质体也出现了不同程度的聚集、融合。这一结果与前面的脂质体粒径变化相一致。

3　植物甾醇酯脂质体的制备、表征及稳定性

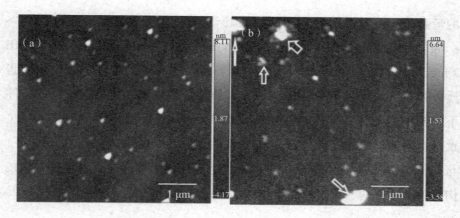

图 3-23　SPC 脂质体 4 ℃下 0 d（a）和 30 d（b）的微观形貌

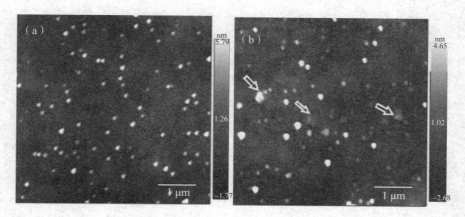

图 3-24　PBE（8 mg）脂质体 25 ℃下 0 d（a）和 13 d（b）的微观形貌

3.5　本章小结

本章以 $C_2 \sim C_{18}$ 不同链长脂肪酸 PsE、SPC 为膜材，采用薄膜-超声法制备脂质体，研究不同链长脂肪酸 PsE 对脂质体物理性质、储藏稳定性的影响。脂质体的物理性质和储藏稳定性研究结果表明，PsE 掺入量影响着脂质体粒径和 PDI 的大小，PsE 脂肪酸链长越长，掺入脂质体

的量越小。可根据粒径、PDI 结果推断 PsE 的最大掺入量，可知 PAE >
8 mg、PBE 8 mg、PHE 6 mg、PCE 6 mg、PDE 6 mg、PLE 2 mg、PME
2 mg、PPE 1 mg 和 PSE 1 mg。在低于最大掺入量的条件下，构建的脂
质体粒径大小无显著变化，粒径分布均匀，微观形貌比较规整；此条件
下构建的脂质体在储藏过程中，粒径变化率小，说明未发生明显聚集、
融合，因此储藏稳定性较好。对比研究发现，PsE 在低于最大掺入量下，
与 CHOL、PS 脂质体物理性质和储藏稳定性较为接近，具备替代 CHOL
构建具有功能的、稳定的脂质体的初步条件。

4 植物甾醇酯掺入对脂质分子层的影响

4.1 概述

　　脂质体是脂质双分子层，内含水相的闭合囊泡，通常脂质体制备时会加入 CHOL，将其作为辅助膜材，调节脂质膜的性能。研究表明，脂质膜的通透性、分子堆积、取向和分子间间距在很大程度上取决于 CHOL 含量[246-249]。CHOL 可以调节脂质膜的流动性并影响亲水性包埋物的渗透性[250]。PS 与 CHOL 结构相似，均为以环戊烷全氢菲为骨架的醇类化合物，研究表明在制备脂质体时用 PS 替代 CH 是可行的[251]。Schuler 等[252]研究发现 PS 比 CHOL 更能降低蛋黄磷脂和大豆磷脂脂质膜的渗透性。Bernsdorff 等[253]通过对二棕榈酰磷脂酰胆碱/甾醇混合物的稳态荧光各向异性测量发现，就磷脂烃链有序性而言，PS 的效果不如 CHOL。总之，将 CHOL 或 PS 掺入脂质膜中与脂质分子相互作用，可以影响脂质膜的性能。PsE 的结构保留了甾醇部分结构，同时比 PS 脂溶性强，因此载入脂质体双层膜中的 PsE 势必会与脂质分子产生相互作用，从而影响脂质膜的性质。然而，尚未发现关于 PsE 对脂质体双分子层性质的影响的报道。

50多年来，为研究不同物质的载入对脂质双分子层性质的影响，研究人员采用了多种方法，如 FTIR[75, 254-255]、激光共聚焦拉曼光谱[256-258]、NMR[259-261]、DSC[254, 262-263]、荧光探针法[264-266]、电子自旋共振法[267-269]和 XRD[270-272] 等。

本章拟将上一章构建的 PsE 脂质体作为研究对象，通过 FTIR、Raman、DSC、荧光探针法和 XRD 方法探究 PsE 与脂质分子之间的相互作用及其对脂质双分子层性能的影响。

4.2 实验材料及实验仪器与设备

4.2.1 实验材料

本章所用的主要实验材料如下：植物甾醇酯（纯度＞95%）、大豆磷脂酰胆碱（纯度＞98%）、胆固醇（纯度＞98%）和植物甾醇（纯度＞98%）。

4.2.2 实验仪器与设备

本章所用的实验仪器与设备如下：RE-52A 旋转蒸发仪、SHZ-DM 真空泵、HN-500 超声波材料乳化分散器、PHS-3C pH 计、Spectrum TWO UATR 傅立叶变换红外光谱仪、labRAM HR Evolution 拉曼光谱仪、DSC 8000 差示扫描量热仪、MiniFlex 600 X 射线粉末衍射仪和 RF-7000 荧光分光光度计。

4.3　实验方法

4.3.1　PsE 脂质体的制备

同 3.3.1 所述。

4.3.2　FTIR 的测定

对冷冻干燥脂质体进行 FTIR 分析，范围为 400～4 000 cm^{-1}，扫描 32 次，分辨率为 4 cm^{-1}。每个样品准备 3 个平行样。

4.3.3　拉曼光谱的测定

拉曼光谱分析采用高分辨率激光共聚焦显微拉曼光谱仪。采用 Nd:YAG 激光器在 532 nm 处激发。激光功率为 100 mW，测试范围为 400～3 200 cm^{-1}。

4.3.4　DSC 的测定

用 DSC 8000 差示扫描量热仪获取脂质体乳液的热相图。实验温度范围为 –30～90 ℃，加热速率为 10 ℃/min，氮气流量为 40 mL/min。用软件 Pyris 13 对 DSC 数据进行分析并绘制图。

4.3.5　脂质膜微极性的测定

采用芘荧光探针法，用荧光分光光度计分析脂质体膜的微极性[273]。

将 304.00 mg 芘溶解在 50 mL 乙醇中，将荧光探针的原溶液储备在棕色容量瓶中。将 0.012 mL 芘溶液加入 50 mL 烧杯中，用氮气吹制，然后加入 1.2 mL 不同脂质体乳剂。在 37 ℃下，磁力搅拌转速为 95 r/min 的水浴中孵育 30 min，然后加入 1.8 mL 脂质体乳剂。反应在室温下进行。荧光光谱仪的激发波长设为 334 nm，激发狭缝设为 5 nm，发射狭缝设为 1 nm。在进行微极性分析时将峰 1（约 375 nm）与峰 3（约 385 nm）的强度比（I_1/I_3）作为参考。

4.3.6　XRD 的测定

用 MiniFlex 600 X 射线粉末衍射仪分析冻干脂质体和游离植物甾醇酯的结晶状态。衍射模式记录 2θ 角的范围为 5°～60°，步幅速度为 0.15 s/step，在 5°/min 速率下扫描步长为 0.02°。样品在 30 mA 和 40 kV 的 Cu-Ka 辐射下辐照。

4.3.7　数据分析

采用 IBM SPSS 21.0 统计软件进行方差分析，在 $P < 0.05$ 显著性水平下进行邓肯多重范围检验。每个样品均有 3 个平行样。

4.4　结果与讨论

4.4.1　FTIR 分析

负载化合物与脂质体膜材之间的分子间相互作用通常会导致脂质体红外光谱图的变化。红外光谱可以用来评价不同化合物在磷脂双分子层不同部位的包埋所产生的结构和构象变化[274]。不同脂质体的红外光谱

4 植物甾醇酯掺入对脂质分子层的影响

如图 4-1 至图 4-6 所示。FTIR 光谱显示了脂质体的磷脂分子特征光谱：波数为 2 924 cm^{-1} 和 2 856 cm^{-1} 处的谱带分别为—CH$_2$ 基团对应的反对称伸缩振动谱带和对称伸缩振动谱带；约 1 740 cm^{-1} 处的峰对应羰基（C=O）的拉伸频率；1 090 cm^{-1} 和 1 240 cm^{-1} 处的谱带分别为磷酸头基（PO^{2-}）的对称振动谱带和反对称振动谱带；970 cm^{-1} 处的谱带为胆碱基团振动区。

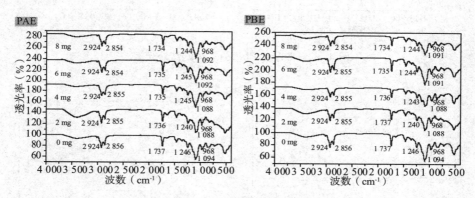

图 4-1 PAE 和 PBE 脂质体的红外光谱

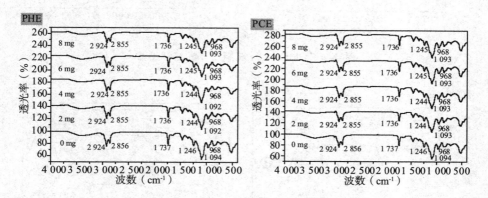

图 4-2 PHE 和 PCE 脂质体的红外光谱

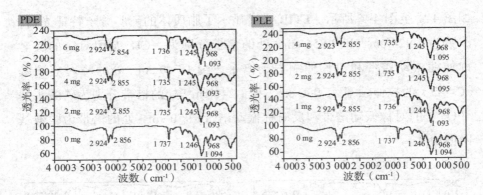

图 4-3　PDE 和 PLE 脂质体的红外光谱

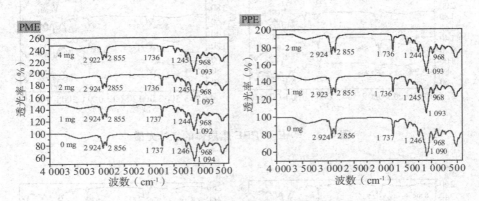

图 4-4　PME 和 PPE 脂质体的红外光谱

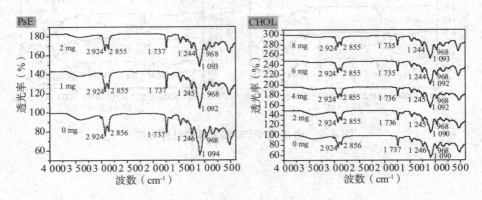

图 4-5　PsE 和 CHOL 脂质体的红外光谱

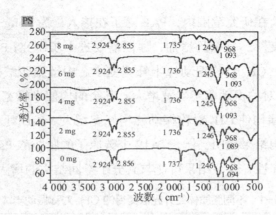

图 4-6 PS 脂质体的红外光谱

不同脂质体酰基链中—CH_2 基团伸缩振动波数取决于构象紊乱的程度，因此可以用来监测系统中反式/扭曲式异构化的变化，反式构象体现脂质烃链的有序排列，扭曲构象则会导致烃链的无序化[275]。脂质烃链中 CH_2 伸缩区的波数向更高波数的转移对应于扭曲构象数量的增加，表明烃链的有序性下降。在研究中，PsE、CHOL 和 PS 对—CH_2 基团反对称伸缩振动波数的影响可以忽略，然而—CH_2 基团对称伸缩振动波数向低波数方向轻微移动，说明脂质烃链以反式构象为主，排列有序性增加。

脂质烃链中 CH_2 对称振动的峰宽变化对烃链的流动性变化和构象变化具有特殊的意义，半峰宽越窄，对应脂质膜的有序性越高[275]。不同脂质体用红外光谱法测得的 CH_2 对称振动半峰宽如表 4-1 所示。在研究范围内，CHOL 随着载入量的增加，CH_2 对称振动峰半峰宽先增加，再逐渐降低；在 8 mg 时半峰宽小于 SPC 脂质体，说明此时脂质体烃链有序性增加、流动性降低。这一结果与文献报道结果[239]一致，CHOL 在低掺入量时，可能扰乱脂质膜头基与尾基的平衡而使得膜流动性增大，但是随着 CHOL 掺入量的增加，膜中磷脂分子间达到新的平衡，从而有利于脂质膜有序性的增加、流动性的降低。PS 的载入对 CH_2 对称振动峰半峰宽的影响与 CHOL 相似。PsE 对 CH_2 对称振动峰半峰宽的影响与掺入量无线性关系。在研究范围内，PAE 除了在掺入量为 2 mg 时，CH_2 对称振动峰半峰宽变小，其余均增加，原因需要进一步研究；PBE 和 PHE 在不同掺入量下，CH_2 对称振动峰半峰宽变小。中链脂肪酸植物甾醇酯除了 PLE 使 CH_2 对称振动峰半峰宽增大，其余的均使半峰宽减小。长链脂肪酸植物甾醇酯均使 CH_2 对称振动峰半峰宽增大。PsE 对 CH_2 对称振动峰半峰宽的影响结果表明，链长 ≥ 12 个碳原子的脂肪酸 PsE 的掺入降低了脂质膜的有序性，这一结果可能与其分子空间结构的增大有关。

表 4-1　不同脂质体红外光谱测得的 CH_2 对称振动半峰宽

脂质体	CH_2对称振动半峰宽（cm^{-1}）	脂质体	CH_2对称振动半峰宽（cm^{-1}）	脂质体	CH_2对称振动半峰宽（cm^{-1}）
SPC	46.28 ± 0.02a	—	—	—	—
CHOL（mg） 2	48.02 ± 0.01d	PS（mg） 2	45.68 ± 0.03c	PAE（mg） 2	39.17 ± 0.01b
4	50.11 ± 0.03e	4	50.34 ± 0.04e	4	52.91 ± 0.02d
6	47.06 ± 0.04c	6	43.44 ± 0.02b	6	46.29 ± 0.05a
8	44.11 ± 0.02b	8	46.67 ± 0.02d	8	48.07 ± 0.02c
PBE（mg） 2	39.90 ± 0.02c	PHE（mg） 2	41.27 ± 0.03c	PCE（mg） 2	45.65 ± 0.05c
4	36.13 ± 0.02b	4	45.66 ± 0.06e	4	45.39 ± 0.02b
6	44.96 ± 0.03e	6	39.42 ± 0.04b	6	45.62 ± 0.03c
8	40.20 ± 0.04d	8	44.07 ± 0.02d	8	45.62 ± 0.01c
PDE（mg） 2	44.60 ± 0.02c	PLE（mg） 1	53.40 ± 0.07b	PME（mg） 1	49.52 ± 0.04b
4	45.78 ± 0.04d	2	52.83 ± 0.05c	2	52.25 ± 0.06c
6	43.68 ± 0.03b	4	52.85 ± 0.03c	4	52.28 ± 0.03c
PPE（mg） 1	49.41 ± 0.06b	PSE（mg） 1	48.56 ± 0.03b	—	—
2	50.96 ± 0.03c	2	48.29 ± 0.04b		

注：不同字母（a、b、c、d、e）代表显著差异（$P < 0.05$）。数值为 3 个独立实验的平均值 ± 标准差。

由图 4-7 可知，与 SPC 脂质体红外光谱相比，PsE、CHOL 和 PS 的掺入使脂质体 P=O 和 C=O 基团红外光谱发生了微弱的红移。随着脂肪酸链长的增加，PsE 的影响呈减弱趋势，与掺入量无显著关系。脂质体中磷脂分子的头基红外光谱波数发生红移，表明这些头基基团与水或其他化合物之间形成了更多的氢键。结合一分子水将相应的红外光谱波数向更小的方向移动约 20 cm^{-1}[254]。CHOL 和 PS 分子结构中含有—OH 可以给 C=O 和 P=O 基团提供氢键，因此载入脂质体后与极性头基形成氢键；而 PsE 中的 C=O 并不能提供氢键，它的掺入增加磷脂头基氢键，可能是因为 C=O 基团的存在结合了更多的结合水，从而使构成脂质体的磷脂头基的水化加强。研究结果还发现碳链长度 > 12 个碳原子的脂肪酸 PsE 红外光谱波数影响减小，这可能是由于脂肪酸链长的增加导致头基部分键合水的能力下降，这也就反映出 PsE 的 C=O 靠近磷脂分子头基，而它的烷基链弯曲，向着磷脂双层分子内部。文献 [276] 显示构成胆固醇酯的脂肪酸链在磷脂分子头基处形成弯曲的马蹄形状。据此，推测植物甾醇酯掺入磷脂双分子层的示意图如图 4-7 所示。这一推断可以解释 PAE 因为链长太短，在弯曲时可能因为长度的不够而导致与磷脂烷基链相互作用较弱，同时打破了脂质膜中磷脂分子的平衡，从而增加 CH$_2$ 对称振动峰半峰宽，降低脂质膜有序性；而碳链长度 > 12 个碳原子的脂肪酸 PsE 时，烃链弯曲时形成的分子空间位阻过大，一方面可能降低了磷脂分子间的相互作用，另外一方面也是破坏了磷脂分子在膜中的平衡，从而降低了膜的有序性排列。PsE、CHOL 和 PS 的掺入对脂质体的 (CH$_3$)$_3$N$_3$ 基团红外光谱没有影响。

综上所述，常温下除了 PAE 和 PLE，在考察浓度范围内中、短链和中链长度的脂肪酸 PsE 均有略微增加脂质体烃链有序性的作用，同样，PsE 的掺入增加了磷脂头基的氢键作用，这一点与 CHOL 和 PS 一致，因此可以推断植物甾醇酯定位于脂质双分子层界面，这一结果与相关文献一致 [277]。

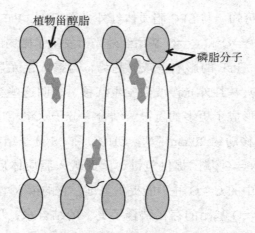

图 4-7 植物甾醇酯掺入磷脂双分子层的示意图

4.4.2 拉曼光谱分析

由第 3 章和 FTIR 结果筛选出碳链长度 ≤ 12 个碳原子的脂肪酸 PsE 作为后续的研究对象。

拉曼光谱为检测外来分子嵌入脂质双分子层时脂质烃链环境的变化提供了有力的工具[278-279]，同时是含有大量分子和结构信息的化学指纹图谱[280]。拉曼光谱分析适用于研究天然膜和模型膜中磷脂分子结构特征方面[281-283]。磷脂分子的 $(CH_3)_3N$ 基团中四个 C—N 键的对称伸缩振动波数为 710 ~ 720 cm^{-1} [284]。磷脂 C—H 伸缩振动范围（2 800 ~ 3 000 cm^{-1}）和 C—C 伸缩振动范围（1 000 ~ 1 200 cm^{-1}）的拉曼谱带的变化，揭示了外来物质掺入后对磷脂烷基链构象及链间侧向有序性的影响。

不同脂质体在不同波段范围的拉曼光谱如图 4-8 所示。

4 植物甾醇酯掺入对脂质分子层的影响

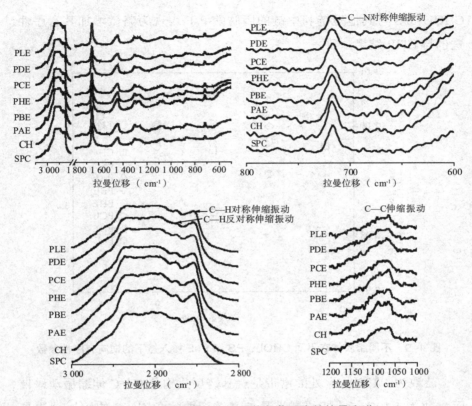

图 4-8 不同脂质体在不同波段范围内的拉曼光谱

由图 4-8 可知，磷脂分子中 C—N 键的对称伸缩振动波数为 710～720 cm^{-1}，波数没有明显的位移，因此未被掺入的 CHOL、PS 和 PsE 扰动，这一结果与 FTIR 相一致。

在 2 850 cm^{-1} 和 2 880 cm^{-1} 附近的谱带分别对应亚甲基对称伸缩振动谱带和反对称伸缩振动谱带，这些谱带反映了脂质分子的横向堆积特性和流动性的变化。因此，常将 I_{2880}/I_{2850} 作为脂质分子横向有序性排列参数。不同脂质体在不同 CHOL、PS 和 PsE 的掺入量下横向有序性参数如图 4-9 所示。I_{2880}/I_{2850} 的增大表明脂质分子横向堆积、排列的有序性增强。结果显示，除 PAE 和 PLE 降低了脂质分子的横向有序排列之外，

CHOL、PS 与其他短链和中链的脂肪酸 PsE 表现为略微增加其有序性，这也与 FTIR 结果一致。

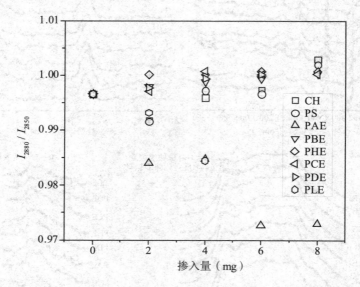

图 4-9　不同脂质体在不同 CHOL、PS 和 PsE 掺入量下的横向有序性参数

波数为 1 130 cm⁻¹ 处的谱带是烷基链反式构象 C—C 伸缩振动谱带，而波数为 1 100 cm⁻¹ 处的谱带是烷基链扭曲构象 C—C 伸缩振动谱带。I_{1130}/I_{1100} 为纵向有序参数，提供了烷基链构象中有序和无序之间的比例信息。I_{1130}/I_{1100} 即使在外来物质掺入量较小的情况下也有显著的敏感性。不同脂质体在不同 CHOL、PS 和 PsE 掺入量下的纵向有序性参数如图 4-10 所示。结果显示，除 PLE 在掺入量为 4 mg 时，I_{1130}/I_{1100} 低于 SPC 脂质体之外，其余的 CHOL、PS 和 PsE 的加入，纵向有序性参数略高于 SPC 脂质体，其中 CHOL 和 PS 在掺入量为 2 mg 时，略低于 PsE。I_{1130}/I_{1100} 增大表明烷基链反式构象增加，扭曲构象减少。得到这一结果可能是由于甾醇及衍生物中的甾核增强了磷脂烷基链的纵向有序性。

4 植物甾醇酯掺入对脂质分子层的影响

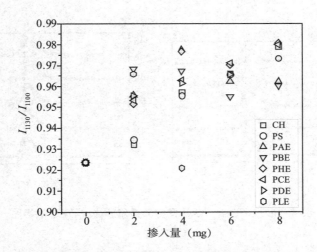

图 4-10　不同脂质体在不同 CHOL、PS 和 PsE 掺入量下的纵向有序性参数

4.4.3　DSC 分析

在 DSC 热相图中，脂质体的主要相变表现为从凝胶态转变为液晶态，能反映外源物质与磷脂酰基链的相互作用。主相变温度（T_m）的变化反映了酰基链的构象转变，同时反映了磷脂分子疏水尾链的排列方式。焓变（ΔH）反映了非共价键的增强或减弱，如疏水区域的范德华力。另外，主相变峰半高处的宽度（$\Delta T_{1/2}$）反映了外来物质的掺入与脂质体双层膜的协同性。

本书采用 DSC 研究 PsE、CHOL、PS 和 SPC 脂质体的相变行为，结果如图 4-11 至图 4-14 及表 4-2 所示。SPC 脂质体的 T_m 为 4.28 ℃（＞0 ℃），与文献中的 T_m（＜0 ℃）不一致[279, 285]。这可能是由于吐温-80 增加了脂质体的稳定性，从而提高了 T_m。峰的形状不对称，稍微向更高的温度倾斜，这与文献的研究结果一致[286-287]。与 SPC 脂质体相比，各脂质体中没有出现其他峰，表明对脂质体膜结构没有干扰[288]。这些结果与 FTIR、拉曼光谱分析的结果一致。

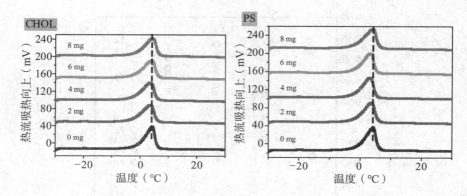

图 4-11 CHOL、PS 不同掺入量脂质体的 DSC 热相图

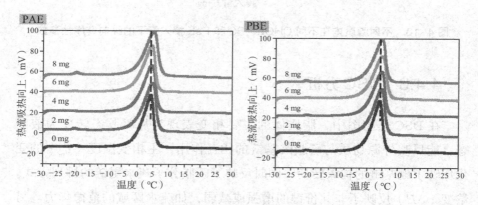

图 4-12 PAE、PBE 不同掺入量脂质体的 DSC 热相图

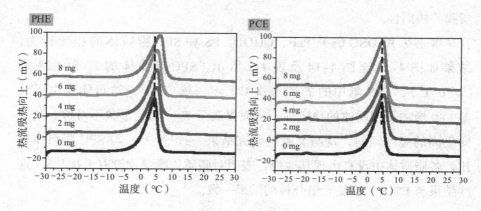

图 4-13 PHE、PCE 不同掺入量脂质体的 DSC 热相图

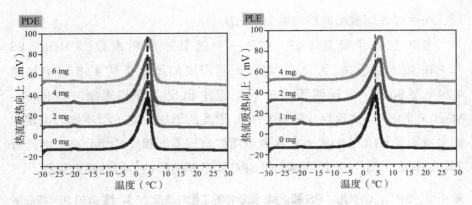

图 4-14 PDE、PLE 不同掺入量脂质体的 DSC 热相图

随着 PsE 的掺入，脂质体 T_m 略微升高了 0.12~1.57 ℃，并且与浓度无线性关系。这一结果表示 PsE 嵌入膜的疏水部分，与 Wang 等[164]的研究结果一致。PsE 进入脂质体双层膜的疏水区域，与磷脂分子烷基链相互作用，改善磷脂疏水烷基链的顺序，降低其流动性，从而增加 T_m。这些结果支持了 FTIR 和拉曼光谱分析结果。CHOL 和 PS 的掺入不同程度上降低了 T_m。Redondo-Morata 等[289]研究 CHOL 对二棕榈酰磷脂酰胆碱脂质体 T_m 的影响，发现 CHOL 在低掺入量时降低了 T_m，随着掺入量的增大，主相变峰逐渐消失。本书在研究中 CHOL 的掺入量低于文献中的数据，因此并没有观察到相变峰有消失的倾向。Malcolmson 等[290]采用 DSC 研究发现胆固醇硬脂酸酯对脂质体相变温度无显著影响。研究中构成 PsE 的脂肪酸链长短，掺入量比长链的 PsE 高，因此出现了与文献不一致的结果。

根据 T_m 和 ΔH 的变化，外源物质可分为间隙性杂质和替代性杂质[286, 291]。能改变 T_m 和 ΔH 的杂质称为替代性杂质，只改变 T_m 而不改变 ΔH 的杂质称为间隙性杂质。CHOL、PS 和 PsE 属于后一类，因为它不仅增加了 T_m，还改变了 ΔH。这可以解释为，除了 PDE 和 PLE 外，适当浓度的 CHOL、PS 和 PsE 和 SPC 分子之间的非化学键的作用增强，从而增加了膜的稳定性。Malcolmson 等[290]研究胆固醇硬脂酸酯脂质体发现，胆固醇硬脂酸酯的掺入增加了 ΔH。

主相变峰半峰宽（$\Delta T_{1/2}$）是一个重要的量热参数。CHOL、PS 和 PSE 掺入脂质体后，$\Delta T_{1/2}$ 均有不同程度的增大（从 4.58 ℃增加到 4.79～5.90 ℃），说明脂质体双层膜中出现了分相现象。Redondo-Morata 等[289]研究发现，随着 CHOL 浓度的增加拓宽了脂质体的主相变峰，原因是 CHOL 的掺入会导致脂质膜出现不同程度的相分离。由此可知，CHOL、PS 和 PsE 的掺入使 SPC 膜酰基链间的协同性略有降低。

表 4-2 SPC、CHOL、PS 和 PsE 脂质体的主相变温度（T_m）、焓（ΔH）和半峰高宽度（$\Delta T_{1/2}$）

样品	T_m（℃）	ΔH（J/g）	$\Delta T_{1/2}$（℃）
SPC	4.28 ± 0.01a	255.36 ± 0.13a	4.58 ± 0.02a
CHOL	3.34 ± 0.02c	259.02 ± 1.02b	5.78 ± 0.01c
	3.86 ± 0.03b	256.37 ± 2.03b	5.77 ± 0.03c
	3.90 ± 0.02b	259.51 ± 1.14b	5.77 ± 0.02c
	4.18 ± 0.02a	255.37 ± 1.35a	5.49 ± 0.03b
PS	3.55 ± 0.01c	278.65 ± 3.03e	5.17 ± 0.03d
	3.74 ± 0.04b	266.66 ± 2.32c	5.05 ± 0.02c
	3.80 ± 0.02b	271.07 ± 1.78d	4.85 ± 0.02b
	4.19 ± 0.03a	259.64 ± 1.39b	5.50 ± 0.03e
PAE	4.76 ± 0.01c	268.71 ± 1.23c	5.19 ± 0.03d
	4.46 ± 0.02b	259.09 ± 1.46b	4.94 ± 0.02c
	4.48 ± 0.04b	261.63 ± 1.59b	4.82 ± 0.01b
	5.10 ± 0.03d	261.04 ± 1.39b	5.49 ± 0.02e

（续　表）

样　品	T_m（℃）	ΔH（J/g）	$\Delta T_{1/2}$（℃）
PBE	4.71 ± 0.03b	273.01 ± 1.35c	5.14 ± 0.03c
	4.82 ± 0.02c	265.35 ± 1.58b	5.01 ± 0.03b
	4.93 ± 0.01d	275.95 ± 1.43c	5.41 ± 0.03d
	5.28 ± 0.01e	265.66 ± 1.69b	5.07 ± 0.02b
PHE	5.09 ± 0.03d	274.46 ± 1.67d	5.32 ± 0.02c
	4.86 ± 0.02b	263.22 ± 1.49b	4.95 ± 0.02b
	4.96 ± 0.03c	268.84 ± 1.48c	5.32 ± 0.03c
	5.92 ± 0.02e	283.72 ± 2.01e	5.90 ± 0.01d
PCE	5.04 ± 0.04d	256.87 ± 3.01a	5.38 ± 0.03d
	5.42 ± 0.02e	263.63 ± 2.31b	5.36 ± 0.03d
	4.90 ± 0.02c	268.70 ± 2.23c	5.23 ± 0.01c
	4.58 ± 0.05b	263.01 ± 1.39b	5.07 ± 0.03b
PDE	4.50 ± 0.02b	257.36 ± 1.58a	5.04 ± 0.02c
	4.52 ± 0.03b	256.77 ± 2.01a	4.79 ± 0.02b
	4.52 ± 0.03b	257.19 ± 2.24a	5.26 ± 0.03d
PLE	5.33 ± 0.02b	254.20 ± 1.39ab	5.48 ± 0.03b
	5.54 ± 0.04c	256.05 ± 1.37a	5.59 ± 0.01c
	5.85 ± 0.03d	252.27 ± 1.36b	5.53 ± 0.02d

注：不同的字母（a、b、c、d、e）代表显著差异（$P < 0.05$）。数值为3个独立实验的平均值 ± 标准差。

4.4.4 脂质膜微极性的分析

将芘作为荧光探针嵌入脂质体双层中，研究其微环境的极性。已知芘荧光强度在 373 nm（第一峰）和 384 nm（第三峰）处的比值（I_1/I_3）对微环境极性非常敏感，比值的大小表明芘探针所处微环境极性的大小，即 I_1/I_3 减小表明微环境极性减弱[292]。脂质体分散于水相溶液中，脂质膜分子排列得越紧密，外部水分子越不易进入膜内，膜内部的疏水性越高，微极性就越低。

PsE、CHOL 和 PS 脂质体荧光光谱及 I_1/I_3 如图 4-15 所示。在研究考察范围内，CHOL 掺入量为 8 mg 时，I_1/I_3 最低为 1.137；PS 掺入量为 8 mg 时，I_1/I_3 最低为 1.134；PAE 掺入量为 8 mg 时，I_1/I_3 最低为 1.101；PBE 掺入量为 6 mg 时，I_1/I_3 最低为 1.118；PHE 掺入量为 6 mg 时，I_1/I_3 最低为 1.145；PCE 掺入量为 6 mg 时，I_1/I_3 最低为 1.145；PDE 掺入量为 4 mg 时，I_1/I_3 最低为 1.154；而 PLE 的掺入量为 4 mg 时，I_1/I_3 为 1.160。由此结果可知，PsE 在合适的掺入量下可以降低脂质膜的微极性；随着 PsE 脂肪酸碳链长度的增加，对其构成脂质双分子层的微极性的影响越来越弱。

在考察浓度范围内随着 PAE 掺入量的增大，I_1/I_3 逐渐降低，说明随着掺入量的增大，膜分子间的结合更加紧密而降低了脂质膜的微极性。这一结果与前面 FTIR 和拉曼光谱分析结果不一致，说明 PAE 可能只是起到了填充磷脂分子空隙的作用，只是从位阻角度阻碍了极性物质的渗入。随着 PBE、PHE、PCE 和 PDE 掺入量的增加，I_1/I_3 呈现先降低后略微增加的趋势。因此，掺入适量的 PsE 可能填补了磷脂分子间的空隙，使膜内部疏水性增强；过多的 PsE 分子可能改变了极性头基和疏水尾基之间的平衡，导致磷脂分子排列有序性下降，从而使水容易进入膜中，降低其疏水性，增加了膜内部的微极性。PLE 对脂质微环境极性的影响不显著，这一结果一方面可能是由于空间位阻更大的 PLE 阻止了水的渗透，另一方面可能是由于 PLE 的掺入破坏了极性头基和疏水尾基之间的平衡，因此，最终显示对脂质双分子层中的微极性的影响不显著。目前，尚未发现 PsE 掺入脂质体对膜微极性影响的相关研究。结果还显示，除了 CHOL 掺入量为 2 mg 时，I_1/I_3 略有增加外，CHOL 和 PS 在考察浓度范围内，随着 CHOL 和 PS 浓度的增大，I_1/I_3 呈现下降的趋势。这可能是在少量掺入 CHOL 时，随 SPC 的头基平衡被打破，从而导致其渗透性增加，而使脂质双分子层的极性增大；随着掺入量的增加，CHOL 和 PS 填补了磷脂分子间的空隙，阻止了极性分子进入膜中，起到降低膜渗透的作用[160]。这一结果与 FTIR 结果相一致。

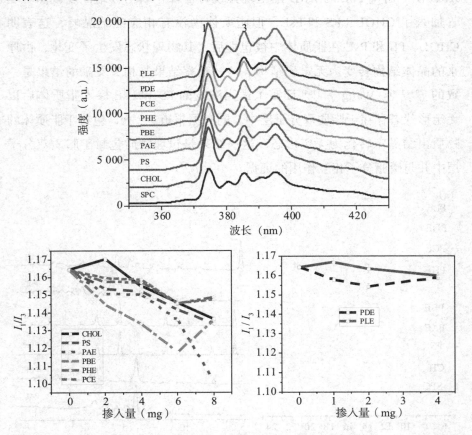

图 4-15　PsE、CHOL 和 PS 脂质体的荧光光谱及 I_1/I_3

4.4.5　XRD 分析

CHOL、PS 和 PsE 脂质体（a）和游离 PsE（b）的 XRD 图如图 4-16 所示。结果显示，CHOL、PS 和 PsE 脂质体没有晶体尖锐峰出现，表明体系中存在无定形结构。商品 CHOL 和 PS 是晶体粉末，因此未呈现其 XRD 图。游离 PsE 的 XRD 图呈现尖锐特征峰，表明其结晶度较高。尽管加入了 CHOL、PS 和 PsE，但脂质体中没有相应的结晶峰，这表明 CHOL、PS 和 PsE 在脂质体中被包埋后，其物理状态发生了变化，由原来的晶体结构转变为无定形结构。这一观察结果与相关文献的结果是一致的[293-294]。Wang 等[164]证实了适当浓度的 PS 和 PsE 掺入脂质体后以无定形状态存在于脂质双分子层中。同时据报道[295-296]，包封于脂质体的物质由结晶态转化为无定形态，这一结果是包埋物质包封于脂质双分子层中并与磷脂分子相互作用的证据。

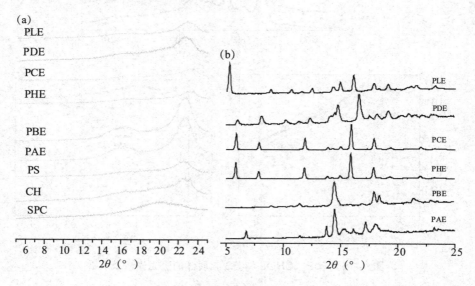

图 4-16　CHOL、PS 和 PsE 脂质体（a）和游离 PsE（b）的 XRD 图

4.5　本章小结

本章采用物理手段探究了 PsE 与脂质分子之间的相互作用及其对脂质膜性能的影响，同时与 CHOL 和 PS 做了相应的对比。结果表明，植物甾醇酯定位于脂质膜界面，短、中链脂肪酸植物甾醇酯（除了 PAE、PLE）可提高磷脂酰基链的横向有序性和纵向有序性、降低膜的流动性；长链脂肪酸植物甾醇酯均略降低磷脂烷基链的有序性，增加膜的流动性。在液晶态下，短链和中链 PsE 进入大豆磷脂脂质体双层膜的疏水区域，与磷脂分子尾基相互作用，增加了膜的稳定性，但是降低了磷脂分子烷基链间的协同性。对比研究发现，短链和中链 PsE 的掺入对脂质分子和脂质膜性质的影响与 CHOL 和 PS 无显著差异，因此用 PsE 替代 CHOL 构建健康、稳定的脂质体具有较好的应用前景。

5 植物甾醇丁酸酯辅酶 Q_{10} 脂质体的构建及性质研究

5.1 概述

根据第 3 章和第 4 章的研究结果，与 SPC 脂质体相比，大部分短链和中链长度的 PsE 在低于饱和掺入量时，具有提高脂质体物理稳定性的作用，同时与其对应的磷脂酰基链的有序性和流动性也得到了明显的改善。PBE 和中碳链脂肪酸 PsE（除了 PLE）均可提高、降低膜的流动性。考虑到短碳链的脂肪酸 PsE 能够掺入磷脂双层膜的量相对较高，而 PBE 在体内代谢还能生成对肠道有益的生理活性成分——丁酸，因此后续研究选择 PBE 作为辅材，来构建 SPC 脂质体。

辅酶 Q_{10}（2,3-二甲氧基-5-甲基-6-异戊烯基-1,4-苯醌，Coenzyme Q_{10}，CoQ_{10}），又名泛醌、癸烯酸和维生素 Q_{10}，是一种脂溶性化合物。CoQ_{10} 分子式为 $C_{59}H_{90}O_4$，结构式如图 5-1 所示，相对分子质量为 863.36，熔点为 48～52 ℃，室温下为黄色或橙黄色结晶粉末。CoQ_{10} 的分子结构中含有不饱和双键，化学性质极不稳定，易被空气中的物质氧化和光照分解，受热或遇到金属离子会使其分解速度加快。CoQ_{10} 在细胞呼吸链中作为氢载体，能激活细胞代谢，减少体内过氧化和自由基诱导反应对细胞膜的氧化损伤[297-298]。目前，已证实CoQ_{10}具有抗氧化和清除自由基，抗肿瘤和提高人体免疫力，缓解疲劳和提高运动能力，防老抗衰以及保护心血管等多种保健功效[299-300]。

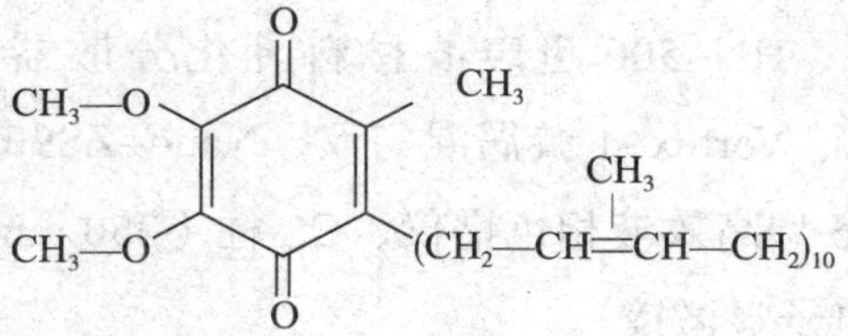

图5-1 CoQ_{10}的分子结构式

由于亲脂性和分子量大[301]，CoQ_{10}在人体中的生物利用度相对较低。目前，相关研究提出了几种配方来提高生物利用度[302]，如微胶囊化[303]、纳米粒[304-305]、自乳化[306]和脂质体[307-308]等。

本章拟选择将壁材为SPC、PBE的脂质体作为包埋体系，以CoQ_{10}为脂溶性芯材，采用薄膜–超声法制备脂质体。分别采用高效液相色谱法测定包封率、DLS测定粒径、PDI和Zeta电位，通过TEM观察脂质体的微观结构，选择合适的因素、水平，确定最佳配方条件，考察其储藏稳定性、热稳定性、盐溶液稳定性、光照稳定性和pH稳定性，通过包埋CoQ_{10}制备稳定的复合功能性脂质体。

5.2 实验材料及实验仪器与设备

5.2.1 实验材料

本章所用的主要实验材料如下：植物甾醇丁酸酯（纯度＞97%）、大豆磷脂酰胆碱（纯度＞98%）、CoQ_{10}（纯度＞98%）、胆固醇（纯度＞

98%）和植物甾醇（纯度＞98%）。

5.2.2 实验仪器与设备

本章所采用的主要实验仪器与设备如下：RE-52A 旋转蒸发仪、SHZ-DM 真空泵、HN-500 超声波材料乳化分散器、PHS-3C pH 计、TGL-16G 离心机、Vortex-1 漩涡混匀仪、Nano-ZS90 粒度电位分析仪、Waters 2695-2996 型高效液相色谱仪、C_{18} 柱（250 mm × 4.6 mm，5 μm）和 HT7700 透射电子显微镜。

5.3 实验方法

5.3.1 植物甾醇丁酸酯 CoQ_{10} 脂质体（PBE-CoQ_{10}-L）的制备

准确称取一定量的 SPC、PBE、CoQ_{10} 和吐温-80 于圆底烧瓶中，取 10 mL 的氯仿与甲醇体积比 2∶1 的有机溶剂溶解。后续操作同 3.3.1 所述。超声结束后得到透亮的黄色 PBE-CoQ_{10}-L，倒入棕色小瓶中，密封，在 4 ℃的冰箱中保存待用。乳液如图 5-2 所示。

图 5-2 PBE-CoQ_{10}-L

5.3.2 辅酶 Q_{10} 标准曲线的绘制

准确称取 3 mg 的 CoQ_{10} 标准品，用无水乙醇超声溶解，并定容于 25 mL 容量瓶中。分别移取 10.0 mL、5.0 mL、4.0 mL、2.0 mL、1.0 mL、0.5 mL 的 CoQ_{10} 标准溶液，用无水乙醇定容于 10 mL 的容量瓶中，得到浓度为 120 μg/mL、60 μg/mL、24 μg/mL、12 μg/mL、6 μg/mL 的 CoQ_{10} 溶液，采用高效液相色谱法测量峰面积，根据不同浓度 CoQ_{10} 溶液的峰面积绘制峰面积与浓度关系的标准工作曲线。

采用高效液相色谱法与紫外光检测法结合的方法来测定 CoQ_{10} 的量。过滤脱气色谱纯甲醇：正己烷（体积比 80 : 20）作为流动相。采用色谱柱 C_{18}（250 mm × 4.6 mm，5μm），流速 0.8 mL/min，30℃下等速洗脱，紫外检测器波长设置为 275 nm。

浓度范围为 6.0 ~ 120 μg/mL 的 CoQ_{10} 的标准曲线如图 5-3 所示，表明峰面积在 CoQ_{10} 浓度为 6.0 ~ 120 μg/mL 时线性良好。线性回归方程和系数如下：

$$y = 11\ 687x + 2\ 640.9$$
$$R^2 = 1$$

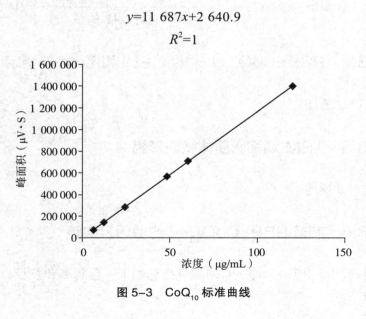

图 5-3 CoQ_{10} 标准曲线

5.3.3 PBE-CoQ$_{10}$-L 包封率的测定

采用有机溶剂萃取法[309]测定脂质体中 CoQ$_{10}$ 的包封率。准确移取 1 mL 脂质体于 10 mL 离心管中，加入 3 mL 的正己烷，放到漩涡混匀仪上振荡 3 min，再放入离心机中离心，转速为 3 000 r/min，温度为 4～6 ℃，离心时间为 5 min，离心结束后吸取上层清液于 50 mL 圆底烧瓶中。重复上述步骤两次，将两次吸取的上层清液合并在一起，用旋转蒸发仪将圆底烧瓶中的液体旋干，然后用无水乙醇将壁上的薄膜冲洗下来，定容于 5 mL 棕色容量瓶中。

高效液相色谱采用甲醇和正己烷作为流动相（甲醇∶正己烷=4∶1），柱温为 30 ℃，流速为 0.8 mL/min。通过峰面积计算游离 CoQ$_{10}$ 的量。

包封率和保留率的计算公式如下：

$$包封率（\%）= \frac{CoQ_{10}的总量-游离CoQ_{10}的量}{CoQ_{10}的总量} \times 100\%$$

$$保留率（\%）= \frac{不同条件下脂质体包埋CoQ_{10}的量}{最初脂质体包埋CoQ_{10}的量} \times 100\%$$

5.3.4 PBE-CoQ$_{10}$-L 粒径、PDI 和 Zeta 的测定

同 3.3.2 所述。

5.3.5 TEM 观察脂质体微观形貌

同 3.3.3 所述。

5.3.6 制备 PBE-CoQ$_{10}$-L 的单因素实验

本实验中，PBE-CoQ$_{10}$-L 的质量指标如下：包封率和粒径、PDI 和 Zeta 电位。

5.3.6.1 PBE 的加入量

准确称取 40 mg 吐温-80、80 mg SPC、10 mg CoQ_{10} 于圆底烧瓶中，只改变 PBE 的量，分别称取 0 mg、2 mg、4 mg、6 mg 和 8 mg，其余制备条件和方法不变。

5.3.6.2 CoQ_{10} 的加入量

准确称取 40 mg 吐温-80、80 mg SPC、6 mg PBE 于圆底烧瓶中，只改变 CoQ_{10} 的量，分别称取 5 mg、10 mg、15 mg 和 20 mg，其余制备条件和方法不变。

5.3.6.3 吐温-80 的加入量

准确称取 80 mg SPC、6 mg PBE、10 mg CoQ_{10} 于圆底烧瓶中，只改变吐温-80 的量，分别称取 0 mg、10 mg、20 mg、30 mg、40 mg 和 50 mg，其余制备条件和方法不变。

5.3.7 制备 PBE-CoQ_{10}-L 的响应面优化实验

在完成单因素试验的基础上，采用统计软件 Design-Expert12，建立三因素三水平的 Box-Behnken 模型，进行响应面优化分析。以 PBE 的加入量为因素 A，CoQ_{10} 的加入量为因素 B，吐温-80 的加入量为因素 C，以包封率（Y）为响应值。响应面设计因素、水平和编码值如表 5-1 所示。

表 5-1 响应面设计因素、水平和编码值

因素	水平		
	−1	0	1
因素 A：PBE（mg/mL）	0.2	0.5	0.8
因素 B：CoQ_{10}（mg/mL）	0.5	1.0	1.5
因素 C：吐温-80（mg/mL）	1.0	3.0	5.0

5.3.8　PBE-CoQ$_{10}$-L 的稳定性

5.3.8.1　贮藏稳定性

将 PBE-CoQ$_{10}$-L 分别在 4 ℃和 25 ℃条件下避光储存，并在储存 0 d、3 d、6 d、9 d、12 d、15 d、30 d 时取样，然后进行粒径、PDI、电位、保留率测定。

5.3.8.2　热稳定性

将 PBE-CoQ$_{10}$-L 放置在 80 ℃的水浴中，在避光条件下保存，在放置 10 min、20 min、30 min、40 min、50 min、60 min 时分别取样，然后进行粒径、PDI、电位、保留率测定。

5.3.8.3　盐溶液稳定性

将 PBE-CoQ$_{10}$-L 分别用 100 mmol/L、200 mmol/L、500 mmol/L、1 000 mmol/L 的氯化钠盐溶液进行稀释，脂质体和盐溶液的体积比为 1∶5，避光放置 1 h，然后进行粒径、PDI、电位、保留率测定。

5.3.8.4　光照稳定性

将 PBE-CoQ$_{10}$-L 装进透明的样品瓶中，放进培养箱中，设置温度为 25 ℃，光照强度为 6 000 lx，分别在放置 1.5 h、3 h、4.5 h、6 h 时取样，然后进行粒径、PDI、电位、保留率测定。

5.3.8.5　pH 稳定性

将 PBE-CoQ$_{10}$-L 分别用 pH 为 2、4、7.4、8、10 的磷酸缓冲溶液进行稀释，体积比为 $v_{脂质体}$∶v_{PBS}=1∶5，避光放置 1 h，然后进行粒径、PDI、电位、保留率测定。

5.3.9 数据分析

采用 IBM SPSS 21.0 统计软件进行方差分析，在 $P < 0.05$ 显著性水平下进行邓肯多重范围检验。每个样品均有 3 个平行样。

5.4 结果与讨论

5.4.1 单因素对 PBE-CoQ_{10}-L 粒径、PDI 和电位及包封率的影响

5.4.1.1 PBE 的质量浓度

选取 4 个水平的 PBE 浓度，考察其对脂质体粒径、PDI 和电位及包封率的影响，结果如图 5-4、图 5-5 所示。

由图 5-4 可知，随着 PBE 质量浓度的增加，平均粒径和 PDI 无显著变化（$P > 0.05$）。在 PBE 的质量浓度为 0.6 mg/mL 时，Zeta 电位绝对值最大，为 (-15.8 ± 1.8) mV，而在其他质量浓度下无显著差异（$P > 0.05$）。

从图 5-5 可以看出，随着 PBE 质量浓度的增加，CoQ_{10} 的包封率呈下降趋势，但是 PBE 质量浓度为 0.4～0.6 mg/mL 时变化不明显。PBE 的疏水性大于 PS，当掺入脂质体时，其更易于蓄积在脂质体双层膜中；CoQ_{10} 也是脂溶性物质，同样包埋于脂质体双层内，由于双层空间的限制，随着 PBE 的浓度的增加，会占据更大的空间，从而降低了 CoQ_{10} 的包封率。

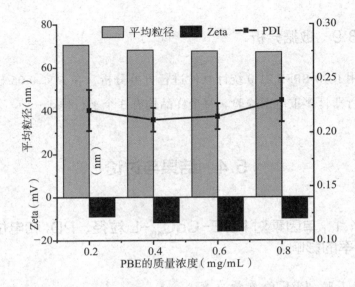

图 5-4　PBE 的质量浓度对脂质体的粒径、PDI 和 Zeta 电位的影响

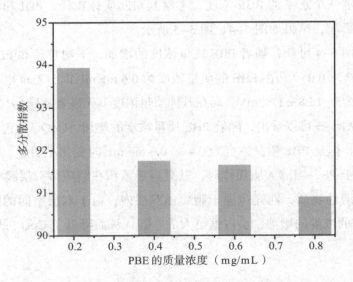

图 5-5　PBE 的质量浓度对脂质体的包封率的影响

5.4.1.2 CoQ$_{10}$的质量浓度

CoQ$_{10}$的质量浓度对脂质体的粒径、PDI 和 Zeta 电位及包封率的影响如图 5-6、图 5-7 所示。

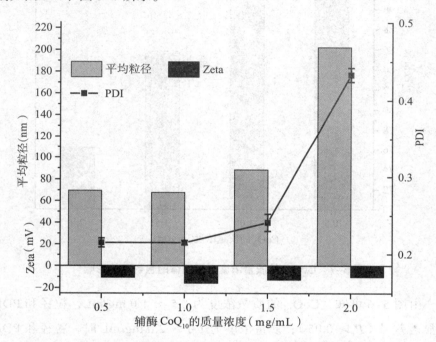

图 5-6 CoQ$_{10}$ 的质量浓度对脂质体的粒径、PDI 和 Zeta 的影响

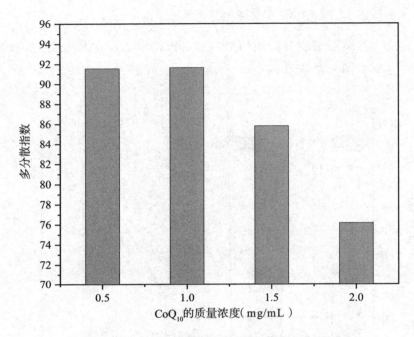

图 5-7　CoQ_{10} 的质量浓度对脂质体的包封率的影响

由图 5-6 可知，CoQ_{10} 的质量浓度为 0.5～1.0 mg/mL，粒径和 PDI 无显著差异（$P > 0.05$）；质量浓度为 1.0～2.0 mg/mL 时，粒径和 PDI 增大（$P < 0.05$）；质量浓度为 1.0 mg/mL、1.5 mg/mL 时，Zeta 电位绝对值显著高于其他浓度时的 Zeta 电位绝对值，分别为（-15.8 ± 1.8）mV 和（-12.7 ± 1.5）mV。这一结果说明 CoQ_{10} 的质量浓度高于 1.0 mg/mL 后，脂质体包埋达到饱和。

由图 5-7 可知，随着 CoQ_{10} 的质量浓度增加，其质量浓度为 0.5～1.0 mg/mL 时包封率没有显著变化，其质量浓度为 1.0～2.0 mg/mL 时包封率显著下降。一定情况下，固定的脂质体配方对包埋物质有一个相对的饱和值，低于饱和值时，包封率随着质量浓度的增加而增大；高于饱和值时，包封率会随着质量浓度的增加而减小。这一结果与相关文献报道的结果一致[310]。

5.4.1.3 吐温-80的质量浓度

作为乳化剂的吐温-80可以使脂质体体系更加均匀、稳定[311]。吐温-80的质量浓度对脂质体粒径、PDI和Zeta电位及包封率的影响如图5-8、图5-9所示。随着吐温-80质量浓度的增大,粒径和PDI逐渐减小,Zeta电位的绝对值逐渐增大,脂质体的包封率呈现先显著增大,然后趋于平稳,最后降低的趋势。

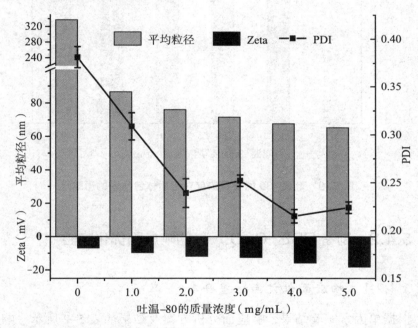

图5-8 吐温-80的质量浓度对脂质体粒径、PDI和Zeta电位的影响

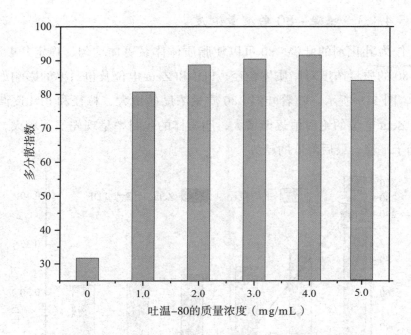

图 5-9 吐温-80 的质量浓度对脂质体包封率的影响

5.4.2 制备 PBE-CoQ$_{10}$-L 的响应面优化实验

5.4.2.1 响应面设计与方差分析

根据单因素实验结果，响应面分析方案及结果如表 5-2 所示，响应面模型回归方程的方差分析结果如表 5-3 所示。F 可用于评价变量对响应值的影响。一般情况下，F 越大，对响应值的影响越大。表 5-3 中模型的 F 为 510.06，$P < 0.000\ 1$，表明该回归模型极显著，可靠性高。失拟项 F 为 6.32，P 为 0.053 5，大于 0.05，证实了模型的有效性。软件分析得到的二次回归方程的拟合系数 R^2=0.998 5，大于 0.9，表明回归模型与试验结果拟合程度较高，同时 Adjusted R^2=0.996 5，与 R^2 非常接近，表明试验值与预测值吻合较好。通过对试验数据的分析，响应变量与自

变量之间存在如下关系：

$Y = 91.48 - 2.87A - 3.11B + 16.44C - 0.4250A + 1.68AC + 2.65BC - 4.64A^2 - 5.96B^2 - 11.96C^2$

式中：Y 为包封率（%）、A 为 PBE 的质量浓度（mg/mL）；B 为 CoQ_{10} 的质量浓度（mg/mL）；C 为吐温-80 的质量浓度（mg/mL）。由表 5-3 可知，一次项 A、B 和 C 及二次项 A^2、B^2 和 C^2 有极显著影响（$P < 0.0001$），交互作用项 AC 和 BC 影响显著（$P < 0.05$），交互作用项 AB 影响不显著（$P > 0.05$）。各因素对包封率的影响大小顺序为吐温-80 的质量浓度 > CoQ_{10} 的质量浓度 > PBE 的质量浓度。

表 5-2 响应面分析方案及结果

试验编号	因素A：PBE（mg/mL）	因素B：CoQ_{10}（mg/mL）	因素C：吐温-80（mg/mL）	响应值包封率（CoQ_{10}）%
1	0.8	1.5	3.0	74.6
2	0.8	1.0	1.0	54.3
3	0.8	0.5	3.0	81.9
4	0.5	1.0	3.0	91.4
5	0.5	1.0	3.0	92.1
6	0.5	1.5	5.0	90.3
7	0.2	1.0	1.0	63.9
8	0.5	1.0	3.0	91.5
9	0.2	1.5	3.0	80.7
10	0.5	1.0	3.0	91.6
11	0.8	1.0	5.0	89.2
12	0.5	1.0	3.0	90.8
13	0.5	0.5	1.0	62.1
14	0.5	0.5	5.0	91.0

（续表）

试验编号	因素A：PBE (mg/mL)	因素B：CoQ$_{10}$ (mg/mL)	因素C：吐温-80 (mg/mL)	响应值包封率 (CoQ$_{10}$)%
15	0.2	0.5	3.0	86.3
16	0.2	1.0	5.0	92.1
17	0.5	1.5	1.0	50.8

表 5-3 响应面模型回归方程的方差分析

来源	平方和	自由度	均方	F	P	显著性
模型	3 266.14	9	362.9	510.06	<0.000 1	**
A：PBE	66.12	1	66.12	92.94	<0.000 1	**
B：CoQ$_{10}$	77.5	1	77.5	108.93	<0.000 1	**
C：吐温-80	2 161.53	1	2 161.53	3 037.99	<0.000 1	**
AB	0.722 5	1	0.722 5	1.02	0.347 2	-
AC	11.22	1	11.22	15.77	0.005 4	**
BC	28.09	1	28.09	39.48	0.000 4	**
A^2	90.65	1	90.65	127.41	<0.000 1	**
B^2	149.82	1	149.82	210.56	<0.000 1	**
C^2	602.78	1	602.78	847.2	<0.000 1	**
残差	4.98	7	0.711 5			
失拟项	4.11	3	1.37	6.32	0.053 5	-
纯误差	0.868	4	0.217			
总误差	3 271.12	16				
R^2=0.998 5	Adjusted R^2=0.996 5		Predicted R^2=0.979 5		Adeq Precision= 63.626 6	

注：** 表示极显著，$P<0.01$；* 表示显著，$P<0.05$；- 表示不显著，$P>0.05$。

5.4.2.2 响应面结果分析

3D 响应面曲面图和各自的等高线图如图 5-10 所示,借助图 5-10 能直观地评估变量间的交互作用,并能确定变量的最优值。本书通过响应面得到包封率和两个连续变量,而另一个变量在零水平上保持不变。图 5-10(a)、图 5-11(a)、图 5-12(a)的三维图像,最高点落在选定区域,表明相关因素的选取是合理的;图 5-10(d)和图 5-10(f)等高线图趋于椭圆形,表明 PBE 的质量浓度与吐温-80 的质量浓度、CoQ_{10} 的质量浓度与吐温-80 的质量浓度之间有一个作用更为突出的因素;图 5-10(b)中的变量等高线图趋于圆形,表明 PBE 的质量浓度与 CoQ_{10} 的质量浓度的相互作用不明显。这与表 5-3 的分析结果一致。

如图 5-10(a)所示,响应面沿 CoQ_{10} 的质量浓度方向的斜率略大于 PBE 的质量浓度方向的斜率,说明 CoQ_{10} 的质量浓度对包封率的影响较大;如图 5-11(a)所示,响应面沿吐温-80 的质量浓度方向的斜率略大于 PBE 的质量浓度方向的斜率,说明吐温-80 的质量浓度对包封率的影响较大;如图 5-12(a)所示,响应面沿吐温-80 的质量浓度方向的斜率略大于 CoQ_{10} 的质量浓度方向的斜率,说明吐温-80 的质量浓度对包封率的影响较大。结果与表 5-3 的分析结果一致。

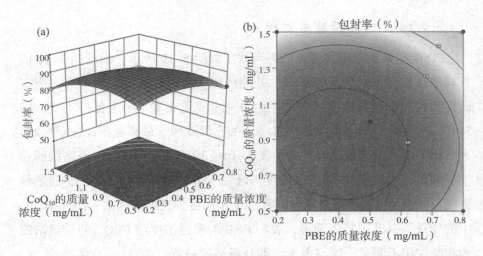

图 5-10　PBE 的质量浓度和 CoQ10 的质量浓度响应面曲线图和交互作用等高线图

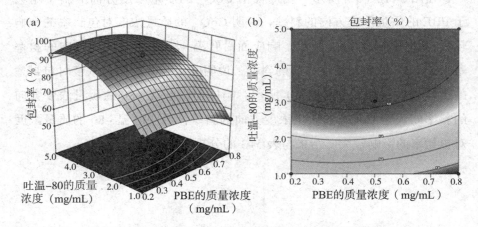

图 5-11　PBE 的质量浓度和吐温-80 的质量浓度响应面曲线图和交互作用等高线图

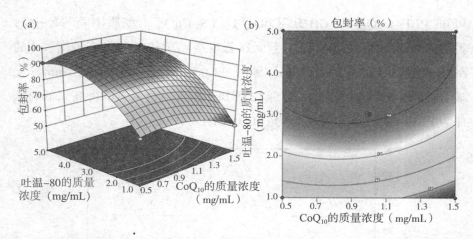

图 5-12 CoQ_{10} 的质量浓度和吐温 -80 的质量浓度响应面曲线图和交互作用等高线图

5.4.2.3 预测模型验证

选择最佳条件对二次多项式方程进行检验，得到预测的包封率的最佳条件如下：PBE 的质量浓度为 0.45 mg/mL、CoQ_{10} 的质量浓度为 0.95 mg/mL、吐温 -80 的质量浓度为 4.33 mg/mL，最高预测包封率为 97.36%。但根据实际操作经验，需要对最佳工艺条件稍作修改，即 PBE 的质量浓度为 0.5 mg/mL、CoQ_{10} 的质量浓度为 0.8 mg/mL、吐温 -80 的质量浓度为 4.0 mg/mL，并进行 3 次重复验证试验。包封率平均为（94.10% ± 0.11%）（$n=3$），RSD 为 3.35%，与预测值吻合较好。同时，Li 等[307]制备了长循环脂质体，CoQ_{10} 包封率为 93.2%，与本书的研究结果相近。以上结果证实了响应面模型能够充分、可靠地优化 PBE-CoQ_{10}-L 脂质体的制备条件。

5.4.3 PBE-CoQ_{10}-L、CHOL-CoQ_{10}-L、PS-CoQ_{10}-L 脂质体表征

相同条件下制备 PBE-CoQ_{10}-L、CHOL-CoQ_{10}-L、PS-CoQ_{10}-L 脂质体的粒径分布、Zeta 电位及 TEM 如图 5-13 至图 5-15 所示。由图 5-11

可知，PBE-CoQ$_{10}$-L、CHOL-CoQ$_{10}$-L、PS-CoQ$_{10}$-L 脂质体呈现单一峰，说明三种脂质体分布较窄，并且无显著差异（$P > 0.05$）。三种脂质体的平均粒径为（69.9±1.3）nm、（68.7±1.0）nm 和（69.3±1.2）nm，无显著差异（$P > 0.05$）。由图 5-12 可知，Zeta 电位绝对值由高到低的顺序为 PBE-CoQ$_{10}$-L > PS-CoQ$_{10}$-L > CHOL-CoQ$_{10}$-L。

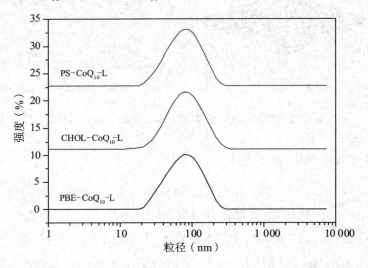

图 5-13　PBE-CoQ$_{10}$-L、CHOL-CoQ$_{10}$-L、PS-CoQ$_{10}$-L 脂质体的粒径分布

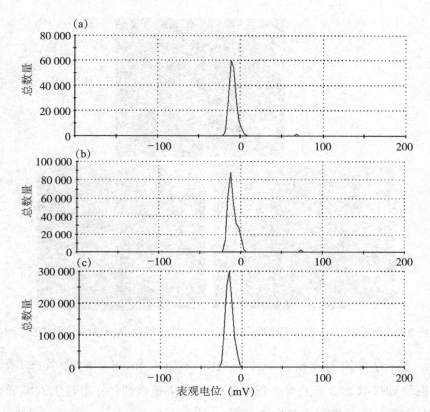

图 5-14 PS-CoQ$_{10}$-L（a）、CHOL-CoQ$_{10}$-L（b）、PBE-CoQ$_{10}$-L（c）
脂质体的 Zeta 电位

相同条件下制备 PBE-CoQ$_{10}$-L、CHOL-CoQ$_{10}$-L、PS-CoQ$_{10}$-L 脂质体 TEM 如图 5-15 所示。由图 5-15 可知，PBE-CoQ$_{10}$-L、CHOL-CoQ$_{10}$-L、PS-CoQ$_{10}$-L 脂质体外观均呈近球形，表面较为光滑，分布均匀，粒径大小与 DLS 结果相一致，三者的微观形貌也无明显差异。

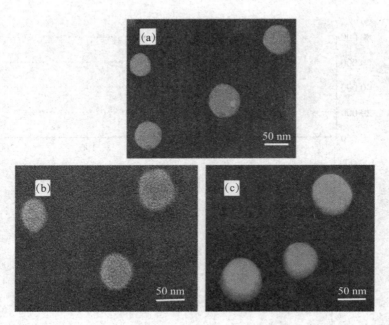

图 5-15　PS-CoQ$_{10}$-L（a）、CHOL-CoQ$_{10}$-L（b）和 PBE-CoQ$_{10}$-L（c）脂质体的 TEM 图

这一结果说明在相同条件下 PBE、CHOL 和 PS 构建的 CoQ$_{10}$ 脂质体的物理性状无显著差异，仅仅在电位上略有差别，在电位上有差异可能是因为三者与磷脂头基作用不同。

5.4.4　PBE-CoQ$_{10}$-L、CHOL-CoQ$_{10}$-L、PS-CoQ$_{10}$-L 脂质体物化稳定性

5.4.4.1　*储藏稳定性*

4 ℃和 25 ℃贮藏条件下粒径、PDI 和保留率的变化如图 5-16 至图 5-19 所示。

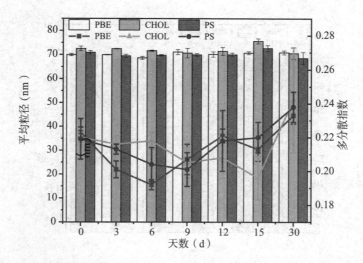

图 5-16　4 ℃贮藏条件下 PBE-CoQ$_{10}$-L、CHOL-CoQ$_{10}$-L、PS-CoQ$_{10}$-L 脂质体粒径、PDI 的变化

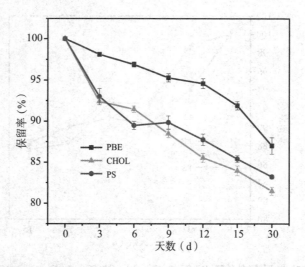

图 5-17　4 ℃贮藏条件下 PBE-CoQ$_{10}$-L、CHOL-CoQ$_{10}$-L、PS-CoQ$_{10}$-L 脂质体保留率的变化

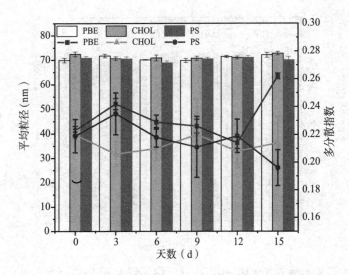

图 5-18　25 ℃贮藏条件下 PBE/CHOL/PS-CoQ$_{10}$-L 脂质体粒径、PDI 的变化

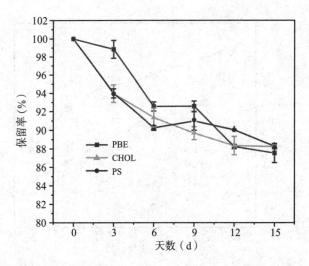

图 5-19　25 ℃贮藏条件下 PBE-CoQ$_{10}$-L、CHOL-CoQ$_{10}$-L、PS-CoQ$_{10}$-L 脂质体保留率的变化

在 4 ℃下储存 0～30 d 时，PBE-CoQ$_{10}$-L、CHOL-CoQ$_{10}$-L、PS-CoQ$_{10}$-L 随着天数的增加，粒径无显著变化，都在 70 nm 左右；PDI 在

15 d 内没有明显变化，而在 30 d 时，PDI 略有增大，但仍小于 0.3，囊泡分布均匀。在 0～30 d 内，CoQ_{10} 保留率有降低的趋势；CHOL-CoQ_{10}-L、PS-CoQ_{10}-L 保留率变化较为接近，而 PBE-CoQ_{10}-L 的 CoQ_{10} 保留率高于前面两者。这一结果表明，PBE 可以提高 CoQ_{10} 在脂质体中的储藏稳定性。

在 25 ℃下储存 0～15 d 时，PBE-CoQ_{10}-L、CHOL-CoQ_{10}-L、PS-CoQ_{10}-L 随着天数的增加，粒径无显著变化，都在 70 nm 左右；CHOL-CoQ_{10}-L、PS-CoQ_{10}-L PDI 在 15 d 内没有明显变化，而在 15 d 时，PBE-CoQ_{10}-L 的 PDI 略有增大，但仍小于 0.3，囊泡分布均匀。在 0～15 d 内，CoQ_{10} 保留率有降低的趋势；CHOL-CoQ_{10}-L、PS-CoQ_{10}-L 保留率变化较为接近；而 PBE-CoQ_{10}-L 的 CoQ_{10} 保留率在 9 d 内高于前面两者，随后三者保留率相近。

5.4.4.2 热稳定性

有文献[312]表明温度对脂质体的影响有三个方面：一是温度会影响脂质体的氧化速率，当温度升高时，脂质体的氧化速率会加快；二是温度影响包载物，温度升高会加速分子的布朗运动，从而使包载物更易渗漏；三是温度会影响脂质体膜的流动性，温度越高，膜流动性越强，从而使脂质双分子层通透性增强，从而导致芯材易于渗漏。

PBE-CoQ_{10}-L、CHOL-CoQ_{10}-L、PS-CoQ_{10}-L 脂质体在高温下粒径、PDI 和 CoQ_{10} 保留率的变化如图 5-20 至图 5-21 所示。图 5-20 显示，PBE-CoQ_{10}-L、CHOL-CoQ_{10}-L、PS-CoQ_{10}-L 脂质体在高温条件下平均粒径无显著变化；CHOL-CoQ_{10}-L、PS-CoQ_{10}-L 脂质体的 PDI 在高温下较平稳，无显著变化，但是 PBE-CoQ_{10}-L 脂质体的 PDI 显著降低，降至 0.15 左右。由图 5-21 可知，PBE-CoQ_{10}-L、CHOL-CoQ_{10}-L、PS-CoQ_{10}-L 脂质体的 CoQ_{10} 保留率随着放置时间的延长而明显降低，降至 60% 左右。这一结果与相关文献[313]报道的结果一致。

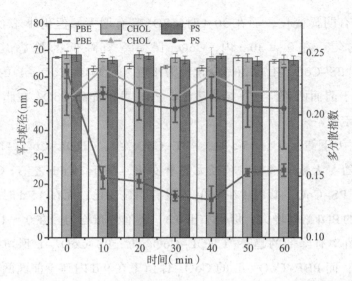

图 5-20　PBE-CoQ$_{10}$-L、CHOL-CoQ$_{10}$-L、PS-CoQ$_{10}$-L 脂质体在高温下粒径、PDI 的变化

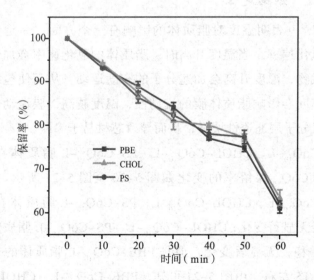

图 5-21　PBE-CoQ$_{10}$-L、CHOL-CoQ$_{10}$-L、PS-CoQ$_{10}$-L 脂质体在高温下 CoQ$_{10}$ 保留率的变化

5.4.4.3 盐溶液稳定性

食盐是食品中常用的膳食钠补充剂，因此有必要评估 PBE-CoQ$_{10}$-L、CHOL-CoQ$_{10}$-L、PS-CoQ$_{10}$-L 脂质体在不同浓度梯度盐溶液中的稳定性，如图 5-22 和图 5-23 所示。由图 5-22 可知，不同浓度的盐溶液对 PBE-CoQ$_{10}$-L、CHOL-CoQ$_{10}$-L、PS-CoQ$_{10}$-L 的平均粒径和 PDI 无显著影响。平均粒径的变化是评价胶体稳定性的一个很重要的指标。因此，PBE-CoQ$_{10}$-L、CHOL-CoQ$_{10}$-L、PS-CoQ$_{10}$-L 脂质体均具有较强的盐稳定性，而且粒子分布较均匀。而 Tai 等[313]研究发现当盐浓度高于 200 mM 时，姜黄素脂质体平均粒径逐渐增大，说明脂质体在高盐浓度时胶体溶液不稳定。本书研究结果与上述文献报道结果不同可能是由于脂质体配方的不同，文献中没有用表面活性剂，而本书在研究中使用了吐温-80，而这一表面活性剂可以增强脂质体的稳定性。Kronberg 等[314]用非离子型表面活性剂吐温-80 增加了脂质体的抗离子稳定性。由图 5-23 可知，随着盐浓度的增大，CoQ$_{10}$ 的保留率下降，而且三种脂质体无明显区别。

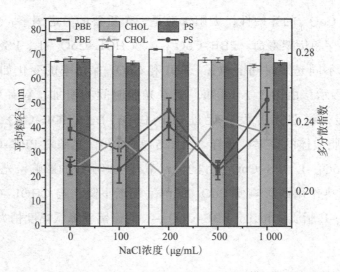

图 5-22 PBE-CoQ$_{10}$-L、CHOL-CoQ$_{10}$-L、PS-CoQ$_{10}$-L 脂质体在不同盐浓度下粒径、PDI 的变化

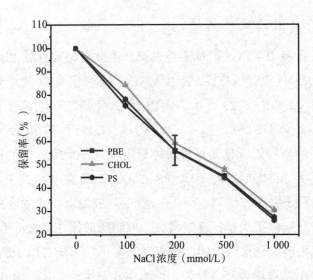

图 5-23 PBE-CoQ$_{10}$-L、CHOL-CoQ$_{10}$-L、PS-CoQ$_{10}$-L 脂质体在不同盐浓度下 CoQ$_{10}$ 保留率的变化

5.4.4.4 光照稳定性

由于 CoQ$_{10}$ 的光敏性，太阳辐射是一个重要的考虑因素，特别是涉及长期储存和货架寿命。PBE-CoQ$_{10}$-L、CHOL-CoQ$_{10}$-L、PS-CoQ$_{10}$-L 脂质体在不同光照时间下粒径、PDI 和 CoQ$_{10}$ 保留率的变化如图 5-24、图 5-25 所示。由图 5-24 可知，随着光照时间的增加，粒径和 PDI 变化不明显，说明光照没有促进 PBE-CoQ$_{10}$-L、CHOL-CoQ$_{10}$-L、PS-CoQ$_{10}$-L 脂质体的聚集、融合。由图 5-25 可知，光照对 PBE-CoQ$_{10}$-L、CHOL-CoQ$_{10}$-L、PS-CoQ$_{10}$-L 的保留率有较为明显的影响，光照时间的延长和吸热作用的影响使 CoQ$_{10}$ 保留率逐渐下降；与 CHOL-CoQ$_{10}$-L、PS-CoQ$_{10}$-L 脂质体相比，PBE-CoQ$_{10}$-L 的保留率降低幅度稍大。

5 植物甾醇丁酸酯辅酶 Q_{10} 脂质体的构建及性质研究

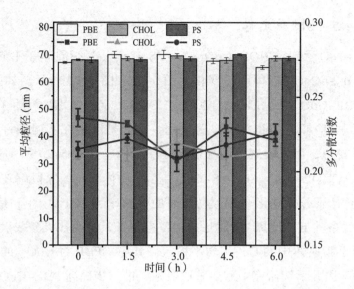

图 5-24　PBE-CoQ_{10}-L、CHOL-CoQ_{10}-L、PS-CoQ_{10}-L 脂质体在不同光照时间下粒径、PDI 的变化

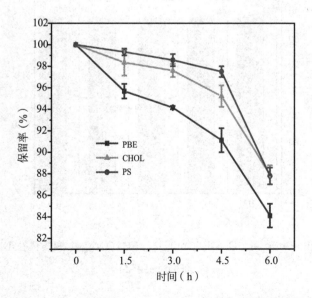

图 5-25　PBE-CoQ_{10}-L、CHOL-CoQ_{10}-L、PS-CoQ_{10}-L 脂质体在不同光照时间下 CoQ_{10} 保留率的变化

5.4.4.5 pH 稳定性

PBE-CoQ$_{10}$-L、CHOL-CoQ$_{10}$-L、PS-CoQ$_{10}$-L 脂质体在不同 pH 下粒径、PDI 和 CoQ$_{10}$ 保留率的变化如图 5-26、图 5-27 所示。如图 5-26 可知，PBE-CoQ$_{10}$-L、CHOL-CoQ$_{10}$-L、PS-CoQ$_{10}$-L 脂质体在不同 pH 条件下平均粒径和 PDI 无显著变化，可能是因为在室温条件下放置时间相对较短，而未表现出明显的变化。然而，如图 5-27 所示，PBE-CoQ$_{10}$-L、CHOL-CoQ$_{10}$-L、PS-CoQ$_{10}$-L 脂质体 CoQ$_{10}$ 保留率在不同的 pH 条件下有显著的变化。pH 为 7.4 时的保留率为 100%，在 pH 低于或高于 7.4 的条件下，偏离 7.4 越远，保留率越低，说明在极酸或极碱条件下，包埋于脂质体中的 CoQ$_{10}$ 均不稳定。其中，PBE 对 CoQ$_{10}$ 的保留率影响最大，因此后续研究中需要采取措施，进一步提高 PBE-CoQ$_{10}$-L 的稳定性。

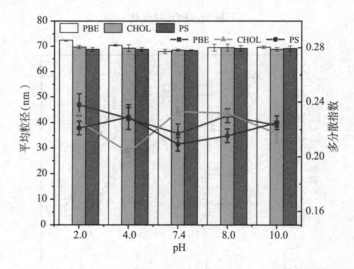

图 5-26　PBE-CoQ$_{10}$-L、CHOL-CoQ$_{10}$-L、PS-CoQ$_{10}$-L 脂质体在不同 pH 下粒径、PDI 的变化

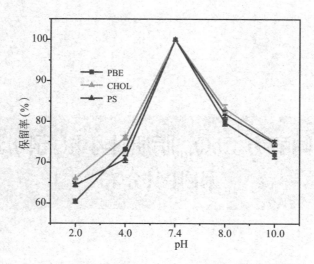

图 5-27 PBE–CoQ$_{10}$–L、CHOL–CoQ$_{10}$–L、PS–CoQ$_{10}$–L 脂质体在不同 pH 下 CoQ$_{10}$ 保留率的变化

5.5 本章小结

本章以壁材为 SPC、PBE 的脂质体作为包埋体系，以 CoQ$_{10}$ 为脂溶性芯材，采用薄膜–超声法制备脂质体。选择合适的因素、水平，通过响应面优化试验确定了最佳配方条件：PBE 的质量浓度为 0.5 mg/mL、CoQ$_{10}$ 的质量浓度为 0.8 mg/mL、吐温–80 的质量浓度为 4.0 mg/mL，包封率为 94.1%（与预测值吻合较好），粒径大小为 69.9 nm，分布均匀。通过储藏稳定性、热稳定性、盐溶液稳定性、光照稳定性和 pH 稳定性的考察发现，除了不同光照和不同 pH 条件下，PBE 构建的脂质体与 CHOL 和 PS 的物化稳定性相似，这也为 PBE 代替 CHOL 构建包埋脂溶性生物活性物质脂质体提供了实践基础和相关支撑。

6 不同配方 CoQ_{10} 脂质体小鼠药物动力学和组织分布

6.1 概述

CoQ_{10} 的口服吸收主要是先通过与胆汁酸盐乳化后经小肠壁溶入低比重的乳糜蛋白内,再通过胸管淋巴吸收进入血液循环。CoQ_{10} 水溶性和稳定性差、生物利用度低,限制了其生物功效的发挥。近年来,用于口服的脂质体、自乳化给药系统、固体纳米粒等运载系统的应用取得了一定的进展,并已证实可促进药物通过细胞或准细胞途径摄取而提高口服生物利用度[315]。李喆等[316]采用脂质体延缓了 CoQ_{10} 释放,提高了生物利用度,增强了靶向性作用。程晓波等[317]制备了不同粒径的 CoQ_{10} 脂质体,与市售的 CoQ_{10} 注射液相比,其药时曲线下面积提高了 5.99、8.65 倍,并且提高了脑、肺的靶向性。Balakrishnan 等[318]采用自乳化给药系统使 CoQ_{10} 的药时曲线下面积和血药峰浓度分别提高了 2.42、1.69 倍。Zhou 等[319]在小鼠口服 CoQ_{10} 卵磷脂纳米胶囊生物利用度研究中发现其相对生物利用度提高到 176.6%。Meng 等[320]采用超临界流体法制备了 CoQ_{10} 固体纳米粒,降低了其晶体结构,同时增加了水溶性,从而提高了生物利用度。采用脂质体包埋技术可有效提高 CoQ_{10} 的生物利用度，但不同组成和结构的脂质体不仅会影响包埋效果及贮藏稳定性，还会影响其在体内的药动学行为及组织分布效果[317, 321]。因此，研究 PBE 对药物代谢及组织分布的影响有较为重要的意义。

在上一章探讨了不同配方脂质体的稳定性基础上，本章拟通过小鼠口服游离的 CoQ_{10}（Free, F）、PBE-CoQ_{10}-L、PS-CoQ_{10}-L 和 CHOL-CoQ_{10}-L，来测定不同时间点的血浆及组织药物浓度，采用相关软件计算药动学参数，并分析比较药物在各组织中的分布情况，探究不同配方脂质体对小鼠药物动力学和组织分布的影响。

6.2 实验材料及实验仪器

6.2.1 实验材料

本章主要采用的实验材料：甲醇、无水乙醇、正己烷、植物甾醇丁酸酯（纯度＞97%）、吐温-80、大豆磷脂酰胆碱（纯度＞98%）、CoQ10、ICR 雄性小鼠、辅酶 Q_{10} 脂质体、植物甾醇（纯度＞98%）和胆固醇（纯度＞98%）。

6.2.2 实验仪器

本章采用的实验仪器设备：BSA2245 电子分析天平、SHZ-D 循环水式多用真空泵、RE-52A 旋转蒸发仪、2695 高效液相色谱、2998 PDA Detector、C_{18} 柱（250 mm×4.6 mm, 5 μm）、MIN-28000 氮吹浓缩装置和 Vortex-1 旋涡混匀仪。

6.3 实验方法

6.3.1 实验动物与处理

选择 ICR 雄性小鼠，正常饲养一周，饲养条件：温度为（25±2）℃，相对湿度为（60±5）%，12 h 光照与黑暗交替循环，小鼠饲料为郑州大学实验动物研究中心统一配方的全价饲料，动物饮水与饮食自由。所有动物实验操作过程均按照实验动物管理规章进行。小鼠适应性喂养一周后，开始体内代谢实验。将小鼠随机分为 4 组，每组 21 只，每组小鼠口服游离 CoQ_{10}、PBE-CoQ_{10}-L、PS-CoQ_{10}-L 和 CHOL-CoQ_{10}-L，给药剂量为 10 mg·kg^{-1}，并于给药后 30 min、60 min、120 min、240 min、360 min、720 min、1 440 min 眼眶取血，迅速取出心、肝、脑、脾、肺、肾，并用冰生理盐水冲洗干净，滤纸蘸干。所得血浆、组织于 −20 ℃ 冷冻保存待用。

6.3.2 样品的处理

6.3.2.1 *血浆样品的处理*

参照程晓波等[317]的方法并略加改动。取 0.1 mL 小鼠血浆于 1.5 mL 离心管中，分别加入甲醇、正己烷 0.2 mL 和 0.4 mL，涡旋混匀 3 min，4～6 ℃下以 12 000 r·min^{-1} 的转速离心 10 min，移取上层正己烷于离心管中，重复操作 2 次并合并，采用氮气吹干正己烷，然后加入 200 μL 流动相溶解，涡旋震荡 3 min，12 000 r·min^{-1} 转速下离心 10 min，取上清液进样测定。操作过程要注意避光。

6.3.2.2 组织样品的处理

参照程晓波等[317]的方法并略加改动。取 0.2 mL 生理盐水与 0.1 g 组织进行匀浆，将匀浆液置于 1.5 mL 离心管中，分别加入甲醇、正己烷 0.2 mL 和 0.4 mL，涡旋混匀 3 min，4～6℃下以 12 000 r·min^{-1} 的转速离心 10 min，移取上层正己烷于离心管中，重复操作 2 次并合并，采用氮气吹干正己烷，然后加入 200 μL 流动相溶解，涡旋震荡 3 min，12 000 r·min^{-1} 转速下离心 10 min，取上清液进样测定。操作过程要注意避光。

6.3.3 高效液相色谱（HPLC）分析方法的建立

6.3.3.1 色谱条件

色谱柱：C_{18}（250 mm × 4.6 mm，5 μm），流动相：甲醇∶正己烷（80∶20，体积分数），流速：0.8 mL/min，柱温：30℃，紫外检测器波长：275 nm，进样量：20 μL。

6.3.3.2 分析方法的确证

1. 专属性

分别取空白血浆、加入一定浓度 CoQ_{10} 乙醇溶液的空白血浆和给药后的小鼠血浆 0.1 mL，按 6.3.2.1 方法处理后，进行 HPLC 检测。

分别取空白组织（心、肝、脑、脾、肺和肾）的匀浆液、加入一定浓度 CoQ_{10} 乙醇溶液的空白组织匀浆和给药后的组织匀浆 0.1 g，按 6.3.2.2 处理后，进行高效液相色谱检测。

2. 线性关系

标准曲线：取空白血浆 0.1 mL，精密加入质量浓度为 0.5 mg·L^{-1}、1.0 mg·L^{-1}、2.5 mg·L^{-1}、5.0 mg·L^{-1}、10 mg·L^{-1}、25 mg·L^{-1}、50 mg·L^{-1} 的 CoQ_{10} 标准品溶液 50 μL，然后按 6.3.2.1 处理。

取各空白组织匀浆 0.2 mL，精密加入质量浓度为 $0.5\ mg\cdot L^{-1}$、$5.0\ mg\cdot L^{-1}$、$10.0\ mg\cdot L^{-1}$、$25.0\ mg\cdot L^{-1}$、$50.0\ mg\cdot L^{-1}$、$100.0\ mg\cdot L^{-1}$、$250.0\ mg\cdot L^{-1}$ 的 CoQ_{10} 标准品溶液 50 μL，然后按 6.3.2.2 处理。

将通过 HPLC 测得的峰面积（A）对样品中 CoQ_{10} 的质量浓度（ρ）进行线性回归，得回归方程。

3. 提取回收率

取空白血浆 0.1 mL，加入质量浓度分别为 $1.0\ mg\cdot L^{-1}$、$5.0\ mg\cdot L^{-1}$、$10\ mg\cdot L^{-1}$ 的 CoQ_{10} 乙醇溶液 50 μL，配制低、中、高 3 种浓度的血浆样品，然后按 6.3.2.1 处理。取各空白组织匀浆 0.2 mL，加入质量浓度分别为 $1.0\ mg\cdot L^{-1}$、$10.0\ mg\cdot L^{-1}$、$50.0\ mg\cdot L^{-1}$ 的 CoQ_{10} 乙醇溶液 50 μL，配制低、中、高 3 种浓度的组织样品，然后按 6.3.2.2 处理。HPLC 测定，记作 CoQ_{10} 的峰面积 A_1。另外再测定空白血浆或各空白组织，在收集正己烷的离心管中加入药物溶液的样品，记作 CoQ_{10} 的峰面积 A_0，提取回收率的计算公式为：

$$提取回收率（\%）=(A_1/A_0)\times 100\%$$

4. 方法回收率

取空白血浆 0.1 mL，加入质量浓度分别为 $1.0\ mg\cdot L^{-1}$、$5.0\ mg\cdot L^{-1}$、$10\ mg\cdot L^{-1}$ 的 CoQ_{10} 乙醇溶液 50 μL，配制低、中、高 3 种质量浓度的血浆样品，然后按 6.3.2.1 处理。取各空白组织匀浆 0.2 mL，加入质量浓度分别为 $1.0\ mg\cdot L^{-1}$、$10.0\ mg\cdot L^{-1}$、$50.0\ mg\cdot L^{-1}$ 的 CoQ_{10} 乙醇溶液 50 μL，配制低、中、高 3 种浓度的组织样品，然后按 6.3.2.2 处理。HPLC 测定，记录 CoQ_{10} 的峰面积，代入标准曲线方程，计算药物质量浓度。方法回收率的计算公式为：

$$方法回收率=（测定质量浓度/实加质量浓度）\times 100\%$$

5. 检测限和定量限

在上述色谱条件下，测得其检测限（$S/N=3$）为 2.0 ng，定量限（$S/N=10$）为 6.0 ng。

6.3.3.3 内源性 CoQ_{10} 含量

移取空白血浆 0.1 mL 和空白组织匀浆 0.2 mL,分别按 6.3.2.1 和 6.3.2.2 处理,测定给药前空白血浆和空白组织中 CoQ_{10} 的含量。

6.3.4 样品的制备

对照组:粉末状 CoQ_{10}(Free,F)。

受试组:实验室自制的 PBE-CoQ_{10}-L、PS-CoQ_{10}-L 和 CHOL-CoQ_{10}-L。

6.3.5 药物动力学试验

6.3.5.1 给药方案

取禁食 12 h 的小鼠随机分成 4 组,分别口服 F、PBE-CoQ_{10}-L、PS-CoQ_{10}-L 和 CHOL-CoQ_{10}-L。每组每个时间点均为 3 只小鼠,给药剂量为 10 mg·kg^{-1},并于给药后 30 min、60 min、120 min、240 min、360 min、720 min、1 440 min 眼眶取血于肝素抗凝管中,12 000 r·min^{-1} 转速下离心 10 min,所得血浆于 -20℃冷冻待用。

6.3.5.2 药时变化

测定不同时间点血浆中的药物浓度,扣除血浆中本底药物浓度,即为所得血药浓度。

6.3.5.3 相对生物利用度

相对生物利用度的公式如下:

$$相对生物利用度(F) = AUC_L/AUC_F \times 100\%$$

式中:AUC_L 为 PBE-CoQ_{10}-L、PS-CoQ_{10}-L 和 CHOL-CoQ_{10}-L 组的 CoQ_{10} 药时曲线下面积;AUC_F 为 F 组的 CoQ_{10} 药时曲线下面积。

6.3.6 组织分布试验

6.3.6.1 给药方案

取禁食 12 h 的小鼠随机分成 4 组,分别口服 F、PBE-CoQ_{10}-L、PS-CoQ_{10}-L 和 CHOL-CoQ_{10}-L。每组每个时间点均为 3 只小鼠,给药剂量为 10 mg·kg^{-1},并于给药后 30 min、60 min、120 min、240 min、360 min、720 min、1 440 min 迅速取出心、肝、脑、脾、肺、肾,用冰生理盐水冲洗干净,滤纸蘸干。所得组织于 -20℃冷冻保存待用。

6.3.6.2 组织药物分布图

测定不同时间点组织中的药物浓度,扣除组织中本底药物浓度,即为所得组织中的血药浓度。

6.3.6.3 靶向性初步评价

以相对摄取率(r_e)为指标,评价粉末 CoQ_{10} 和不同配方 CoQ_{10} 脂质体在体内的相对靶向性。

计算公式为:

$$r_e = AUC_L / AUC_F$$

式中:AUC 为药时曲线下面积;L 和 F 分别为 CoQ_{10} 脂质体及粉末 CoQ_{10}。r_e 大于 1 时,表示药物制剂在该组织有靶向性,r_e 越大,靶向效果越好;r_e 等于或者小于 1 时,表示无靶向性。

6.3.7 数据处理

本书采用 WinNonlin5.2 药物动力学软件和 Origin8.5 分析处理数据,同时采用 IBM SPSS21.0 统计软件进行方差分析,在 $P < 0.05$ 显著性水平下进行 Duncan s 检验。其中,每个样品均有 3 个平行样。

6.4 结果与讨论

6.4.1 HPLC 分析方法的考察

6.4.1.1 专属性

将小鼠空白血浆和组织、含药血浆和组织以及给药后的血浆和组织按 6.3.2.2 处理并测定,测得的色谱图如图 6-1—图 6-7 所示 [其中(a)为空白匀浆液和组织,(b)为空白匀浆液和组织加 CoQ_{10},(c)为样品匀浆液和组织]。由图 6-1—图 6-7 可知,CoQ_{10} 的保留时间为 4.3 min,ICR 小鼠血浆和各空白组织中的其他内源性物质均不干扰药物 CoQ_{10} 的测定,而且各峰分离良好,因此该分析方法专属性良好。

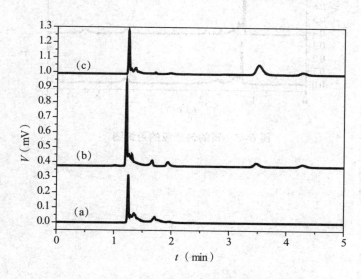

图 6-1 血浆的匀浆液的色谱图

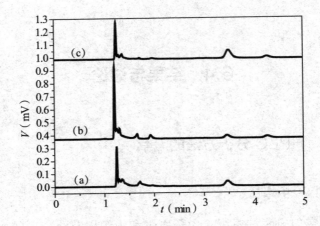

图 6-2 心的匀浆液的色谱图

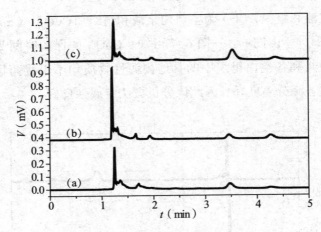

图 6-3 肾的匀浆液的色谱图

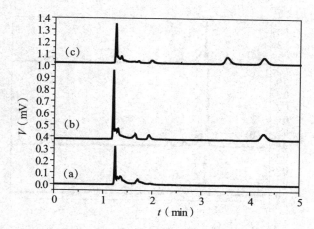

图 6-4 脾的匀浆液的色谱图

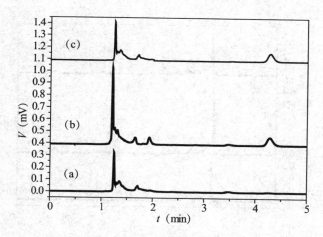

图 6-5 脑的匀浆液的色谱图

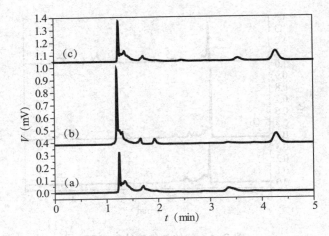

图 6-6 肝的匀浆液的色谱图

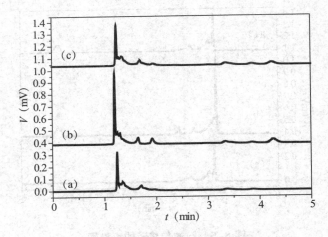

图 6-7 肺的匀浆液的色谱图

6.4.1.2 线性关系

通过 HPLC 分析,将峰面积 A 与样品中 CoQ_{10} 的质量浓度 ρ 进行线性回归运算,得回归方程,结果如表 6-1 所示。由表 6-1 可知,各标准曲线在测定范围内线性关系良好。

表 6-1　小鼠血浆和不同组织中 CoQ_{10} 的标准曲线方程（$n=3$）

样品	标准曲线方程	ρ 线性范围（mg·L^{-1}）	R^2
血浆	$A=7\,863\,\rho-236.1$	0.125～6.25	0.992 9
心	$A=7\,406.7\,\rho+11\,106$	0.125～62.5	0.995 6
肝	$A=4\,542.4\,\rho+4\,834.4$	0.125～62.5	0.994 3
脑	$A=8\,727.8\,\rho-9\,051.1$	0.125～62.5	0.997 8
肾	$A=5\,823.7\,\rho-1\,302.8$	0.125～62.5	0.991 4
肺	$A=8\,965.8\,\rho+14\,319$	0.125～62.5	0.990 2
脾	$A=7\,136.3\,\rho-9\,845.3$	0.125～62.5	0.997 8

6.4.1.3　提取回收率

小鼠血浆、不同组织中 CoQ_{10} 提取回收率结果如表 6-2 所示，符合要求。

表 6-2　小鼠血浆、不同组织中回收率 CoQ_{10} 提取回收率（$n=3$）

样品	ρ(mg·L^{-1})	回收率(%)	相对标准偏差(%)
血浆	1.0	80.2	6.94
	5.0	87.6	
	10.0	92.1	
心	1.0	73.6	8.07
	10.0	78.1	
	50.0	86.3	
肾	1.0	74.3	7.17
	10.0	79.2	
	50.0	85.7	

（续　表）

样品	$\rho(mg \cdot L^{-1})$	回收率(%)	相对标准偏差(%)
脾	1.0	72.8	6.93
	10.0	77.7	
	50.0	83.6	
脑	1.0	75.1	6.80
	10.0	79.3	
	50.0	85.9	
肝	1.0	72.8	6.63
	10.0	77.4	
	50.0	83.1	
肺	1.0	76.5	6.91
	10.0	79.2	
	50.0	87.3	

6.4.1.4　方法回收率

小鼠血浆、不同组织中 CoQ_{10} 方法回收率结果如表 6-3 所示，符合要求。

表 6-3　小鼠血浆、不同组织中 CoQ_{10} 方法回收率（$n=3$）

样品	$\rho(mg \cdot L^{-1})$	回收率(%)	相对标准偏差(%)
血浆	1.0	93.6	3.91
	5.0	97.5	
	10.0	101.2	

（续　表）

样品	$\rho(\text{mg} \cdot \text{L}^{-1})$	回收率 (%)	相对标准偏差(%)
心	1.0	94.5	2.72
	10.0	98.7	
	50.0	99.4	
肾	1.0	96.0	3.08
	10.0	99.3	
	50.0	102.1	
脾	1.0	95.7	2.35
	10.0	98.1	
	50.0	100.3	
脑	1.0	93.7	2.74
	10.0	97.2	
	50.0	98.9	
肝	1.0	94.8	4.91
	10.0	95.2	
	50.0	103.3	
肺	1.0	98.4	4.69
	10.0	95.7	
	50.0	104.8	

6.4.1.5　内源性 CoQ_{10} 含量

在 6.4.1.1 专属性色谱图中可以看到血浆和组织中有少量的内源性 CoQ_{10}，给药前小鼠血浆和不同组织中 CoQ_{10} 的含量如图 6-8 所示。

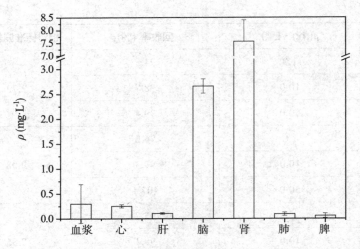

图 6-8　给药前小鼠血浆和不同组织中 CoQ_{10} 的含量（$n=3$）

6.4.2　不同配方 CoQ_{10} 在小鼠体内的药代动力学

不同时间点的 CoQ_{10} 血药浓度均需扣除血浆本底的浓度，口服不同配方的 CoQ_{10} 后血药浓度 – 时间变化如图 6-9 所示。

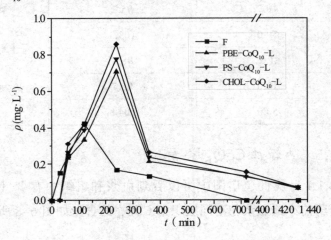

图 6-9　口服不同配方的 CoQ_{10} 后血药 – 时间变化（$n=3$）

将血浆药物浓度-时间数据用药动学分析软件 WinNonlin5.2 进行分析,血浆采用非房室模型法进行分析,计算处理得到 CoQ_{10} 在血液中的药代动力学参数,如表 6-4 所示。其中,药峰浓度(C_{max})是反映药物在体内吸收速率和吸收程度的重要指标。F 组的 C_{max} 为 0.42 mg·L^{-1},PBE–CoQ_{10}–L、PS–CoQ_{10}–L 和 CHOL–CoQ_{10}–L 组的 C_{max} 分别为 F 组的 1.67、1.84 和 2.03 倍,且这 3 种脂质体配方无显著差异($P > 0.05$)。达峰时间(T_{max})F 组为 120 min,其余脂质体组为 240 min。Choi 等[308]在大鼠体内进行的药代动力学研究发现,CoQ_{10} 脂质体组的 T_{max} 为 6 h,这可能与脂质体构成和不同动物体内的代谢有关。药时曲线下面积(AUC)是判断药物吸收程度的重要指标之一。F 组的 AUC_{0-t} 和 $AUC_{0-\infty}$ 分别为 81.80 mg·min·L^{-1} 和 109.50 mg·min·L^{-1},24 h 内的 PBE–CoQ_{10}–L、PS–CoQ_{10}–L 和 CHOL–CoQ_{10}–L 组相对生物利用度分别是 329.46%、354.83% 和 396.88%。这一结果充分说明脂质体包埋 CoQ_{10} 明显提高了生物利用度,CHOL–CoQ_{10}–L 略高于 PBE–CoQ_{10}–L 和 PS–CoQ_{10}–L($P > 0.05$)。半衰期($T_{1/2}$)结果显示,F 组显著低于脂质体组($P > 0.05$),说明脂质体明显降低了 CoQ_{10} 的代谢速率,起到了缓释的作用,而且脂质体组内无显著差异($P > 0.05$)。PBE–CoQ_{10}–L、PS–CoQ_{10}–L 和 CHOL–CoQ_{10}–L 组比 F 组的 CoQ_{10} 在体内平均滞留时间(MRT_{0-t})更长,且三者没有显著差异($P > 0.05$)。清除率(CL)结果显示 F 组显著高于脂质体组($P > 0.05$),脂质体组无显著差异($P > 0.05$)。表观分布容积(Vd)反映了药物在体内分布广窄的程度,数值越高表示分布越广。F 组及各脂质体组均存在显著差异($P > 0.05$),PBE–CoQ_{10}–L 组 CoQ_{10} 在小鼠体内分布最广。

表6-4 CoQ_{10}在血液中的药代动力学参数（$n=3$）

参数	F	PBE-CoQ_{10}-L	PS-CoQ_{10}-L	CHOL-CoQ_{10}-L
C_{max}(mg·L^{-1})	0.42 ± 0.06a	0.71 ± 0.08b	0.78 ± 0.10b	0.86 ± 0.12b
T_{max}(min)	120.0 ± 0a	240.0 ± 0b	240.0 ± 0b	240.0 ± 0b
AUC_{0-t} (mg·min·L^{-1})	81.8 ± 10.33a	269.50 ± 12.19b	290.25 ± 15.30bc	324.65 ± 25.77c
$AUC_{0-\infty}$ (mg·min·L^{-1})	109.50 ± 7.31a	326.73 ± 17.39b	354.80 ± 20.72c	357.75 ± 19.57c
$T_{1/2}$(min)	143.99 ± 15.17a	626.39 ± 59.79c	639.15 ± 63.74c	552.11 ± 51.69b
MRT_{0-t}(min)	143.99 ± 11.21a	468.91 ± 43.57b	458.98 ± 39.84b	452.84 ± 36.49b
CL(L·kg^{-1}·min^{-1})	91.33 ± 5.02a	30.61 ± 2.11b	28.18 ± 1.78b	26.54 ± 1.56b
Vd(L·kg^{-1})	18.97 ± 0.37a	27.66 ± 0.85b	25.99 ± 0.80c	21.14 ± 0.63d

注：同行中的不同字母代表有显著差异（$P<0.05$，ANOVA）（$n=3$）；SD: 3次测定的标准偏差。

综上所述，CoQ_{10}脂质体不仅具有明显的缓释作用，还可以延长在体内的作用时间，从而减少剂量等优点，因此脂质体可以作为CoQ_{10}理想的运载体系。与此同时，PBE与PS和CHOL所构建的CoQ_{10}脂质体在小鼠体内的代谢动力学参数基本相当，因此可以用PBE与PS代替CHOL来构建脂质体，以满足提高脂溶性功能性成分稳定性和生物利用率的需要。

6.4.3 不同配方F、PBE-CoQ_{10}-L、PS-CoQ_{10}-L和CHOL-CoQ_{10}-L中CoQ_{10}小鼠体内组织分布及靶向性

测定12 h内不同时间点组织中的药物浓度，扣除组织中本底药物浓度，即为所得组织中的药物浓度，不同组织中药物经时变化情况如图6-10—图6-15所示。由图6-10—图6-15可知，CoQ_{10}脂质体在心、肝中增加明显，而在肾、脑、脾、肺中增加不明显。李喆等[170]也发现

CoQ$_{10}$脂质体在大鼠心脏中分布增加较为明显。

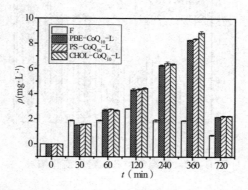

图 6-10 肝组织中药物经时变化情况

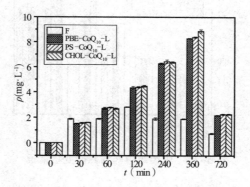

图 6-11 心组织中药物经时变化情况

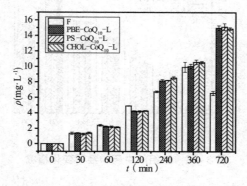

图 6-12 肾组织中药物经时变化情况

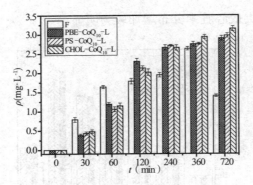

图 6-13 脑组织中药物经时变化情况

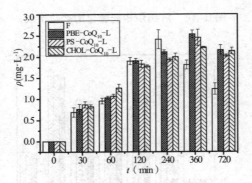

图 6-14 脾组织中药物经时变化情况

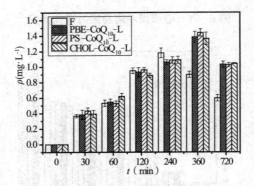

图 6-15 肺组织中药物经时变化情况

不同组织中 CoQ_{10} 的药时曲线下面积如图 6-16 所示，不同配方中 CoQ_{10} 的靶向性如表 6-5 所示。

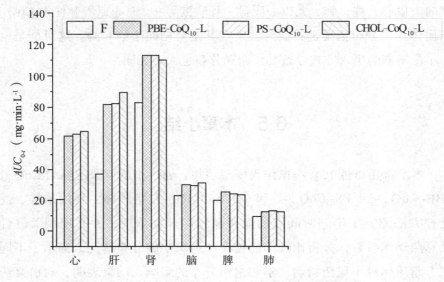

图 6-16　不同组织中 CoQ_{10} 的药时曲线下面积

表 6-5　不同配方中 CoQ_{10} 的靶向性

样品	r_e					
	心	肝	肾	脑	脾	肺
F	1.00	1.00	1.00	1.00	1.00	1.00
PBE-CoQ_{10}-L	3.06	2.21	1.33	1.29	1.26	1.31
PS-CoQ_{10}-L	3.12	2.22	1.36	1.28	1.21	1.34
CHOL-CoQ_{10}-L	3.21	2.42	1.36	1.34	1.18	1.31

由表 6-5 所示，在考察时间内，PBE-CoQ_{10}-L、PS-CoQ_{10}-L 和 CHOL-CoQ_{10}-L 组在心、肝中的 CoQ_{10} 含量分别为 F 组的 3.06 倍、3.12 倍、3.21 倍，2.21 倍、2.22 倍、2.42 倍。这一结果充分说明 PBE-

CoQ_{10}-L、PS–CoQ_{10}-L 和 CHOL–CoQ_{10}-L 脂质体更倾向于靶向心和肝，尤其心更显著。李喆等[316]的研究也发现口服摄入 CoQ_{10} 脂质体倾向于靶向大鼠心、脾、肺，尤以心明显。程晓波等[317]对小鼠静脉注射 CoQ_{10} 脂质体体内分布情况进行研究，发现其主要靶向于脑和肺。这可能是由于小鼠不同的摄入方式导致其代谢和分布也大不相同。

6.5 本章小结

本章选用雄性 ICR 小鼠作为模型动物，通过小鼠口服游离的 CoQ_{10}、PBE–CoQ_{10}-L、PS–CoQ_{10}-L 和 CHOL–CoQ_{10}-L 脂质体，利用采样、前处理方法测定了不同时间点的血浆及组织药物浓度，并采用相关软件计算药动学参数，分析比较了药物在各组织中的分布情况，揭示了不同配方脂质体对小鼠药物动力学和组织分布的影响。结果表明，对血浆药时曲线采用非房室模型拟合，PBE–CoQ_{10}-L、PS–CoQ_{10}-L 和 CHOL–CoQ_{10}-L 的 C_{max} 分别为 F 组的 1.67 倍、1.84 倍和 2.03 倍；脂质体组达峰时间（T_{max}）为 F 组的 2 倍；24 h 内的 PBE–CoQ_{10}-L、PS–CoQ_{10}-L 和 CHOL–CoQ_{10}-L 组相对生物利用度分别是 329.46%、354.83% 和 396.88%，说明脂质体提高了 CoQ_{10} 生物利用度，同时脂质体降低了 CoQ_{10} 的代谢速率，起到了缓释的作用；脂质体组比 F 组的 CoQ_{10} 在体内平均滞留时间（MRT_{0-t}）更长。生物利用度的大小顺序：CHOL 组＞PS 组＞PBE 组，半衰期顺序：PBE、PS 组＞CHOL 组。根据 12 h 内不同组织药时分布发现，CoQ_{10} 脂质体靶向心和肝，而且 PBE、PS 和 CHOL 无显著差异（$P > 0.05$）。综上所述，PBE 有望代替 CHOL 构建稳定的脂质体以提高脂溶性功能成分的生物利用度。

7 Eudragit S100 包覆对植物甾醇丁酸酯辅酶 Q_{10} 脂质体性能的影响

7.1 概述

脂质体具有生物相容性、生物降解性、无毒性和非免疫原性[322]，但是理化稳定性差严重限制了其在食品工业、制药业的应用。脂质体不稳定的原因一方面是其主要构成成分磷脂的水解和不饱和烷基链氧化，导致脂质体膜结构破坏；另一方面是囊泡易发生融合、絮凝和沉淀，同时疏水性生物活性化合物的嵌入可能使脂质双分子层中出现相分离而导致包埋物的泄露[323]。因此，如何降低脂质体对环境压力的敏感性而实现其高效利用越来越受到人们的关注。

针对用于口服给药的脂质体的开发，包被、未修饰的脂质体易受胃肠道中胃酸、胆盐和胰酶的联合作用，导致完整脂质体浓度降低和有效物质泄漏[324]。因此，需要在脂质组成或囊泡包衣上进行特殊的修改。与复杂的修改脂质体膜组成方法相比，表面修饰已经是开发功能性脂质体配方的一个有前途的途径[176, 324]。常用的表面修饰材料有壳聚糖[206, 313]、乳清分离蛋白[325]、尤特奇 S100（Eudragit S100）[326–327]、果胶[328-329]、瓜尔胶[279]等，可以提高脂质体的稳定性。

　　Eudragit是丙烯酸树脂，也是一种常用的药用聚合物辅料。它是由甲基丙烯酸和甲基丙烯酸酯等单体聚合而成的共聚物。Eudragit S100是由甲基丙烯酸与甲基丙烯酸甲酯组成的共聚物，其中甲基丙烯酸与甲基丙烯酸甲酯的比例为1∶2。Eudragit S100是常见的肠溶性包衣材料，具有pH响应性，在酸性与中性条件下不溶解，而在pH＞6.8的溶液中溶解。这是因为其结构式中含有大量羧基，在水中容易与碱生成盐，而达到溶解的效果。Eudragit S100所包覆的药物能在胃液的酸性条件下少量释放甚至不释放，而当其进入pH＞7的结肠中时，药物才可得到释放，从而达到延迟释放的目的。同时，Eudragit S100是一种十分优良的口服脂质体包覆材料，可以提高脂质体在胃中的稳定性，而在肠道中缓释包埋物，从而提高其生物利用度。Lavanya等[327]用Eudragit S100包覆低分量肝素脂质体，提高了其在大鼠体内的口服生物利用率。Caddeo等[326]的研究结果显示，在模拟胃肠道条件下Eudragit S100的包覆有效提高了槲皮素脂质体的物化稳定性。De Leo等[330]采用Eudragit S100 pH驱动法包覆姜黄素脂质体，研究结果表明，酸性条件下聚合物包覆，而在pH＞7条件下聚合物溶解释放脂质体，输送姜黄素到人结直肠腺癌（Caco-2）细胞并显著降低其ROS水平。

　　本章拟采用Eudragit S100包覆脂质体，考察Eudragit S100对PBE-CoQ_{10}-L稳定性的影响，进一步探究其与脂质膜的分子作用机理，旨在双重保护作用下提高包埋物质的稳定性和生物利用率。

7.2 实验材料及实验仪器与设备

7.2.1 实验材料

本章所用的主要实验材料：Eudragit S100、大豆磷脂（纯度＞98%）、吐温-80、PBE（纯度＞97%）、辅酶 Q_{10}（纯度＞98%）、甲醇（色谱纯）和无水乙醇（色谱纯）。

7.2.2 实验仪器和设备

本章所用的主要实验仪器和设备：BSA2245 电子分析天平、HM-500 超声波信号发生器、SHZ-D 循环水式多用真空泵、PHS-3C pH 计、TGL-16G 台式离心机、2695 高效液相色谱、2998 PDA Detector、C_{18} 柱（250 mm × 4.6 mm，5 μm）、Model Spectrum Two 傅立叶变换红外光谱仪、Zetasizer Nano ZS 粒度仪、RE-52A 旋转蒸发仪、Vortex-1 旋涡混匀仪、碳网（300 目）、MiniFlex 600 X 射线粉末衍射仪和 HT7700 透射电子显微镜。

7.3 实验方法

7.3.1 利用 pH 驱动法制备 Eudragit S100 包覆 PBE-CoQ_{10}-L

7.3.1.1 *Eudragit S100 溶液的制备*

先准确称取 0.125 0 g Eudragit S100 于干燥洁净 50 mL 烧杯中，然后倒入 50 mL 0.02 mol/L、pH 7.4 磷酸盐缓冲溶液进行溶解，避光条件下超声 20 min，使其溶解均匀，得到浓度为 0.25% 的 Eudragit S100 溶液，室温下避光放置。

7.3.1.2 *利用 pH 驱动法制备 Eudragit S100 包覆 PBE-CoQ_{10}-L 的单因素考察实验*

取一定体积的浓度为 0.25% 的 Eudragit S100 溶液与 1 mL 脂质体溶液于 25 mL 烧杯中，室温下磁力搅拌 10 min 使其完全混合均匀，调节溶液 pH 为酸性条件，继续室温下磁力搅拌若干时间，用相应 pH 溶液进行定容，装入棕色样品瓶中，放入冰箱冷藏保存备用。

分别考察 pH 为 4.5、5.0、5.5、6.0、6.5，搅拌时间为 0 min、10 min、20 min、30 min、40 min，不同脂质体与浓度为 0.25% 的 Eudragit S100 体积比为 0、1∶1、1∶2、1∶3、1∶4、1∶5、1∶6、1∶7、1∶8，浓度为 0.25% 的 Eudragit S100 放置时间为 0 d、1 d、2 d、3 d、4 d、5 d 对包覆脂质体的影响。

7.3.2 Eudragit S100 包覆 PBE-CoQ$_{10}$-L 的质量评价

7.3.2.1 包封率和保留率的测定

操作方法同 5.3.3。

7.3.2.2 粒径、PDI、Zeta 电位的测定

操作方法同 3.3.2。

7.3.2.3 透射电镜观察微观形貌

操作方法同 3.3.3。

7.3.3 Eudragit S100 包覆 PBE-CoQ$_{10}$-L 结构分析

7.3.3.1 FTIR 的测定

分别取少量干燥的 Eudragit S100 粉末、Eudragit S100 包覆 PBE-CoQ10-L 前后的冷冻干燥样品。后续操作方法同 3.3.1。

7.3.3.2 XRD 的测定

分别取适量的标准 Eudragit S100、经冷冻干燥后的 Eudragit S100 包覆 PBE-CoQ10-L 前后样品。后续操作同 4.3.5。

7.3.4 Eudragit S100 包覆 PBE-CoQ$_{10}$-L 的稳定性

7.3.4.1 pH 稳定性

首先利用磷酸盐缓冲溶液（pH=7.4）配制出不同 pH（pH=2.0、4.0、8.0、10.0）的溶液，然后将制备得到的 Eudragit S100 包覆前后的 PBE-CoQ10-L 溶液用不同 pH 的缓冲液按 1∶5 的比例进行稀释，室温下放

置 2 h 后测定其粒径大小、PDI、Zeta 电位以及保留率。

7.3.4.2 盐稳定性

配制不同浓度（0 mmol/L、100 mmol/L、200 mmol/L、500 mmol/L、1 000 mmol/L）的 NaCl 盐溶液后，将制备得到的 Eudragit S100 包覆前后的 PBE–CoQ$_{10}$–L 溶液用不同浓度的 NaCl 盐溶液按 1 : 5 的比例进行稀释，室温下放置 1 h 后测定其粒径大小、PDI、Zeta 电位以及保留率。

7.4 结果与讨论

7.4.1 Eudragit S100 包覆条件的单因素考察

7.4.1.1 pH 对 Eudragit S100 包覆脂质体平均粒径、PDI 和保留率的影响

pH 对 Eudragit S100 包覆脂质体平均粒径、PDI 和保留率的影响如图 7-1—图 7-2 所示。

7 Eudragit S100 包覆对植物甾醇丁酸酯辅酶 Q_{10} 脂质体性能的影响

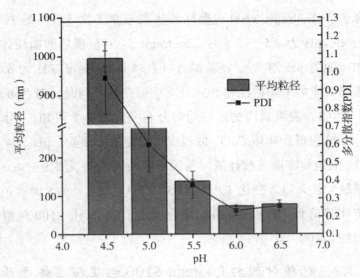

图 7-1 不同 pH 下 Eudragit S100 包覆后脂质体的平均粒径和 PDI

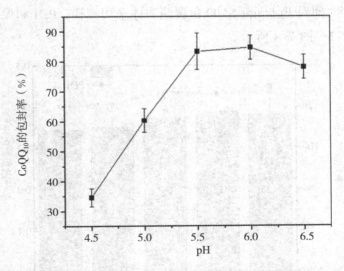

图 7-2 不同 pH 下 Eudragit S100 包覆后脂质体 CoQ_{10} 的包封率

聚合物 Eudragit S100 在酸性和中性条件下不溶而包覆脂质体，而在弱碱性下呈现溶解状态并将包覆的脂质体释放出来。据此，本书研究了酸性条件下 Eudragit S100 包覆脂质体的效果（图 7-1—图 7-2）。由图 7-1 可知，pH 为 4.5～5.5 时，Eudragit S100 包覆后的脂质体的平均粒径、PDI 随着 pH 增大而显著减小（$P < 0.05$）；而 PH 为 6.0～6.5 时，包覆脂质体的平均粒径和 PDI 没有明显变化。同时，pH 为 6.0 和 6.5 时，PDI < 0.3，表明囊泡纳米粒均匀分布。由图 7-2 可知，不同 pH 对 Eudragit S100 包覆脂质体 CoQ_{10} 的包封率有显著的影响。pH 为 4.5～5.5 时，CoQ_{10} 的包封率随着酸性的减弱而不断增大；pH 为 5.5～6.0 时，包封率达到最大且无显著变化（$P > 0.05$）；PH 为 6.0～6.5 时，范围内包封率又有明显降低（$P < 0.05$）。综合考虑，Eudragit S100 包覆脂质体的 pH 应选择 6.0。

7.4.1.2 搅拌时间对 Eudragit S100 包覆脂质体平均粒径、PDI 和保留率的影响

搅拌时间对 Eudragit S100 包覆脂质体平均粒径、PDI 和保留率的影响如图 7-3—图 7-4 所示。

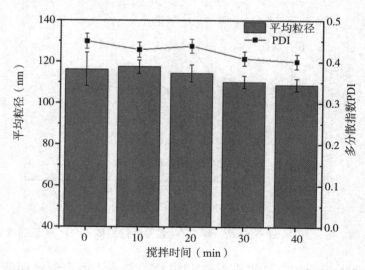

图 7-3 不同搅拌时间下 Eudragit S100 包覆后脂质体的平均粒径和 PDI

7 Eudragit S100 包覆对植物甾醇丁酸酯辅酶 Q_{10} 脂质体性能的影响

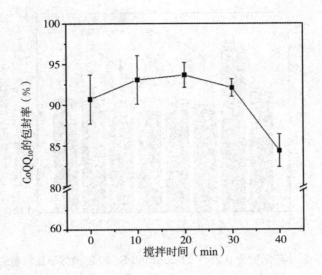

图 7-4 不同搅拌时间下 Eudragit S100 包覆后脂质体 CoQ_{10} 的包封率

为了促进聚合物 Eudragit S100 均匀包覆脂质体，本书研究了搅拌时间对包覆效果的影响（图 7-3—图 7-4）。由图 7-3 可知，搅拌时间为 0～40 min 时，平均粒径和 PDI 无明显变化（$P > 0.05$），可见搅拌时间对 Eudragit S100 包覆脂质体平均粒径、PDI 无显著影响。由图 7-4 可知，搅拌时间为 0～40 min 时，CoQ_{10} 包封率呈现先增加而后降低的趋势，且搅拌时间为 10～20 min 时，包封率较高（94% 左右）且无显著变化（$P > 0.05$）。因此，Eudragit S100 包覆脂质体的搅拌时间应为 10 min。

7.4.1.3 脂质体与浓度为 0.25% 的 Eudragit S100 体积比对 Eudragit S100 包覆脂质体平均粒径、PDI 和保留率的影响

脂质体与浓度为 0.25% 的 Eudragit S100 体积比对 Eudragit S100 包覆脂质体平均粒径、PDI 和保留率的影响如图 7-5—图 7-6 所示。

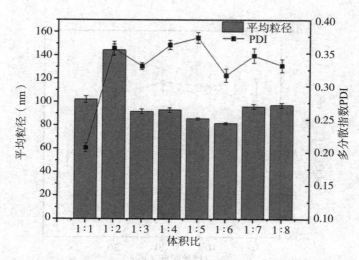

图 7-5 脂质体与浓度为 0.25% 的 Eudragit S100 不同体积比包覆脂质体的平均粒径和 PDI

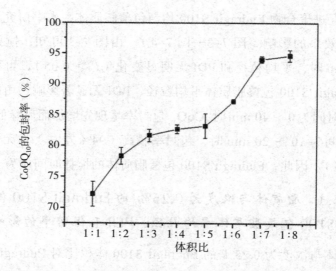

图 7-6 脂质体与浓度为 0.25% 的 Eudragit S100 不同体积比包覆脂质体 CoQ_{10} 的包封率

参照相关文献[330]，脂质体与浓度为 0.25% 的 Eudragit S100 不同体积比对包覆效果有影响（图 7-5—图 7-6）。由图 7-5 可知，体积比不断增大时,平均粒径、PDI 先增加后趋于平稳。由图 7-6 可知,体积比为 1∶1～1∶7 时,CoQ_{10} 的包封率不断增大;体积比为 1∶7～1∶8 时,包封率无显著变化($P > 0.05$)。因此,脂质体与浓度为 0.25% 的 Eudragit S100 的体积比应选择 1∶7。

7.4.1.3 浓度为 0.25% 的 Eudragit S100 放置时间对 Eudragit S100 包覆脂质体平均粒径、PDI 和保留率的影响

浓度为 0.25% 的 Eudragit S100 放置时间对 Eudragit S100 包覆脂质体平均粒径、PDI 和保留率的影响如图 7-7—图 7-8 所示。

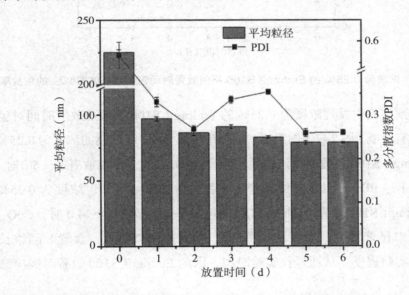

图 7-7　浓度为 0.25% 的 Eudragit S100 不同放置时间包覆脂质体的平均粒径和 PDI

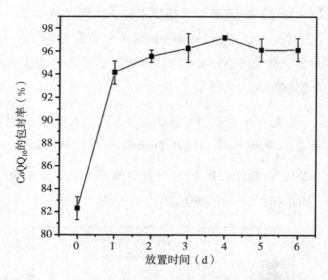

图 7-8 浓度为 0.25% 的 Eudragit S100 不同放置时间包覆脂质体 CoQ_{10} 的包封率

在预实验中发现浓度为 0.25% 的 Eudragit S100 溶液的放置时间对包覆效果有影响（图 7-7—图 7-8）。由图 7-7 可知，新配制的浓度为 0.25% 的 Eudragit S100 包覆脂质体的平均粒径、PDI 很大。而在放置 1～5 d 时，平均粒径、PDI 有明显降低且趋于平稳。由图 7-8 可知，浓度为 0.25% 的 Eudragit S100 放置 0 d 时 CoQ_{10} 的包封率低；放置 1～4 d 时，CoQ_{10} 的包封率显著增大；放置 5～6 d 时，包封率略微降低。放置时间增长会影响实验进度，从而延长实验时间，因此 Eudragit S100 放置时间应选择 2 d。

7.4.2　Eudragit S100 包覆 PBE-CoQ_{10}-L 的质量评价

依据 7.4.1 的结论，在浓度为 0.25% 的 Eudragit S100 放置 2 d，pH6.0，脂质体与浓度为 0.25% 的 Eudragit S100 体积比 1∶7，搅拌时间 10 min 条件下包覆脂质体，粒径分布和样品如图 7-9 和图 7-10 所示。其中，取少量脂质体溶液，室温条件下用蒸馏水稀释，用 DLS 测定脂质体的粒径及粒径分布如图 7-9 所示，Eudragit S100 包覆后脂质体的平均粒径由 69.9 ± 1.3 nm 增大至 86.1 ± 1.7 nm。包覆前后脂质体粒径分布均呈现趋近正态分布的单峰，PDI 小于 0.3，这表明包覆前后复合脂质体溶液的粒径分布都比较均匀。Eudragit S100 包覆脂质体前后样品性状如图 7-10 所示，包覆后呈现无色乳液，可知聚合物被成功包覆。

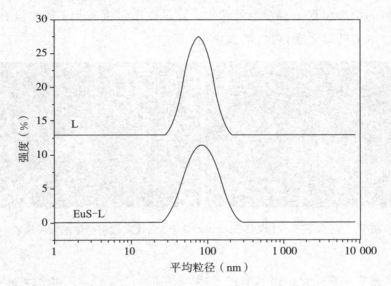

图 7-9　Eudragit S100 包覆前后脂质体粒径分布

图 7-10　样品图

利用高效液相色谱测得包覆前后脂质体溶液中 CoQ_{10} 的包封率分别为（94.1±0.1%）和（95.5±0.2%）。显然，包覆脂质体提高了 CoQ_{10} 的包封率。

采用 TEM 观察 Eudragit S100 包覆前后脂质体的微观形貌，如图 7-11 所示。结果显示，Eudragit S100 包覆前后脂质体呈球形，包覆后在脂质体的周围出现一层白色絮状物，这是在未包覆的脂质体中没有看到的。这一结果与文献 [327] 的描述相一致。

图 7-11 采用 TEM 观察 Eudragit S100 包覆前后脂质体的微观形貌

7.4.3 Eudragit S100 包覆 PBE-CoQ$_{10}$-L 的结构分析

Eudragit S100、脂质体和包覆脂质体的 FTIR 图如图 7-12 所示。由图 7-12 可知，Eudragit S100 特征峰为 2 953 cm^{-1}、1 728 cm^{-1} 和 1 153 cm^{-1} 时，分别对应的是—CH$_3$、C=O 和 C—O 基团的特征峰，与文献 [327] 和 [330] 中的描述一致。脂质体具有明显的脂质特征峰，包括在 2 922 cm^{-1} 处出现的 C—H 弯曲振动峰、1 740 cm^{-1} 处出现的 C=O 拉伸峰、1 066 cm^{-1} 处出现的 C—O 拉伸峰。包覆脂质体既有聚合物的特征峰，也有脂质体的特征峰，这充分表明聚合物有效包覆了脂质体。

7 Eudragit S100 包覆对植物甾醇丁酸酯辅酶 Q_{10} 脂质体性能的影响

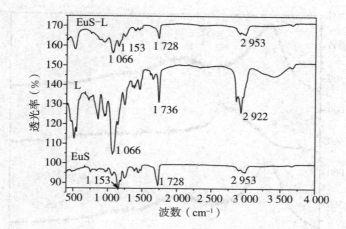

图 7-12　Eudragit S100、脂质体和包覆脂质体的 FTIR 图

Eudragit S100、脂质体和包覆脂质体的 XRD 图如图 7-13 所示。由图 7-13 可知，聚合物 Eudragit S100 没有晶体衍射峰出现，这说明 Eudragit S100 是以一种无定形的状态存在。未包覆脂质体也没有较尖的晶体峰，但是经过聚合物包覆后脂质体的宽衍射峰完全被 Eudragit S100 聚合物衍射峰所覆盖，这表明脂质体已被 Eudragit S100 成功包覆。

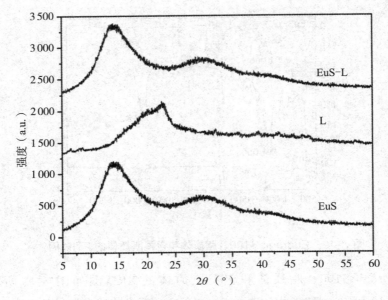

图 7-13　Eudragit S100、脂质体和包覆脂质体的 XRD 图

7.4.4　Eudragit S100 包覆脂质体在不同 pH 和盐浓度条件下的稳定性

7.4.4.1　pH 对 CoQ_{10} 脂质体平均粒径和保留率的影响

Eudragit S100 是典型的 pH 依赖型的包覆材料，在酸性条件下会以沉淀形式析出，在碱性条件下可溶。聚合物包覆前复合脂质体在不同 pH 条件下的粒径大小和 CoQ_{10} 的保留率变化分别如图 7-14 和图 7-15 所示。由图 7-14 可知，在 pH 为 2.0 和 4.0 酸性条件下，包覆脂质体的粒径为微米级，而在弱碱性及碱性条件下，聚合物的溶解可使得粒径变小且接近于未包覆脂质体的粒径，这充分说明在此条件下脂质体从聚合物中脱离出来。由图 7-15 可知，在 pH 2.0 和 4.0 酸性条件下，Eudragit S100 的包覆提高了 CoQ_{10} 保留率，证实聚合物能够提高脂质体在酸性条件下的稳定性，减少包埋物质的损失。在 pH 8.0 条件下，虽然聚合物溶解，

但是有少量丙烯酸吸附在脂质体表面，从而减弱了脂质体的破损而保持了更高的保留率。在 pH 10.0 条件下，包覆前后的 CoQ_{10} 的保留率无明显区别，聚合物对于在肠道中释放包埋物无影响。因此，Eudragit S100 的包覆脂质体有望提高口服脂质体经由胃消化的稳定性，从而提高其肠道释放进一步提高包埋物质的生物利用度。

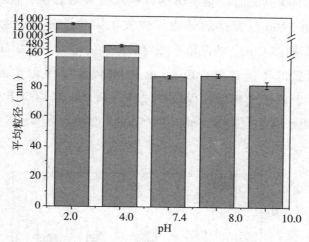

图 7-14 不同 pH 条件下 Eudragit S100 包覆前后平均粒径的变化

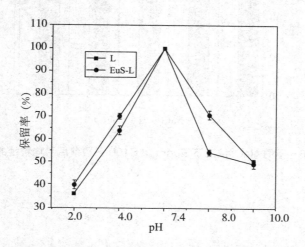

图 7-15 不同 pH 条件下 Eudragit S100 包覆前后 CoQ_{10} 保留率的变化

7.4.4.2 盐浓度条件下 CoQ_{10} 脂质体平均粒径和保留率的变化

不同 NaCl 浓度下 Eudragit S100 包覆前后平均粒径和 CoQ_{10} 保留率的变化分别如图 7-16 和图 7-17 所示。由图 7-16 可知，不同盐浓度对 Eudragit S100 包覆前后脂质体的粒径没有显著影响，说明盐溶液不会使 Eudragit S100 包覆前后的脂质体发生聚集、融合。由图 7-17 可知，包覆前脂质体 CoQ_{10} 的保留率随着盐浓度的增大（除去 500 mmol/L）呈现较为明显的下降趋势。Eudragit S100 包覆后保留率除低盐浓度（100 mmol/L）低于未包覆的保留率之外，其余浓度均高于未包覆脂质体。这一结果证明聚合物 Eudragit S100 可以增强脂质体在高盐浓度下的稳定性。

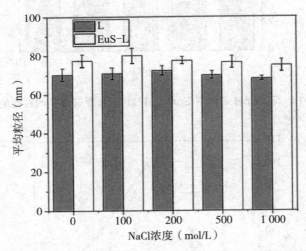

图 7-16　不同 NaCl 浓度下 Eudragit S100 包覆前后平均粒径的变化

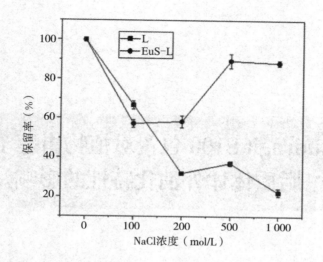

图 7-17 不同 NaCl 浓度下 Eudragit S100 包覆前后 CoQ_{10} 保留率的变化

7.5 本章小结

本章采用 pH 驱动法制备聚丙烯酸树脂 Eudragit S100 包覆脂质体，考察了 Eudragit S100 对 PBE-CoQ_{10}-L 稳定性的影响，进一步探究了其与脂质膜的分子作用机理。结果表明，Eudragit S100 包覆脂质体 CoQ_{10} 的包封率由 94.1% 提高至 95.5%，粒径分布均匀；FTIR 从分子层面证明 Eudragit S100 包覆覆盖了脂质体的部分特征峰，使其同时具备聚合物树脂和磷脂的特征峰，XRD 从物性角度证明聚合物树脂以无定性状态包覆了脂质体。稳定性研究表明，Eudragit S100 包覆提高了脂质体在不同 pH 和盐浓度条件下的稳定性。因此，聚合物 Eudragit S100 包覆脂质体有望成为高效的口服运载体系。

8 Eudragit S100 包覆对植物甾醇丁酸酯脂质体体外消化特性的影响

8.1 概述

脂质体具有控释、生物降解和低毒性等优点，是目前研究较广泛的运载体系之一。近年来，研究人员对脂质体在消化吸收过程中的微观结构及性能的变化、生物活性物质的释放情况、生物可及性等方面开展了一系列探索性的研究。由于社会和伦理方面的考虑，从人类的胃肠道中取样进行研究较为困难。因此，越来越多的体外方法被用于替代体内研究，以探索和控制脂质体的消化性能。

脂质体的组成成分及其表面修饰会影响脂质体的消化性能。磷脂和胆固醇是脂质体配方中的主要物质，它们自身的结构与体外消化的稳定性有一定的关联。Liu 等[331]采用薄层分散和动态高压微流化法制备了乳脂球膜磷脂组分和大豆磷脂组分的粗脂质体和纳米脂质体，在体外消化过程中发现前者比后者构建的脂质体消化稳定性更强。文献[182]和文献[332]还发现，在成人和婴儿条件下，胆固醇的加入可以通过与磷脂形成氢键和增加膜的硬度来提高脂质体膜的结构稳定性，以对抗肠道环

8 Eudragit S100 包覆对植物甾醇丁酸酯脂质体体外消化特性的影响

境应激。多项研究发现，表面修饰可以通过在脂质体磷脂与酶之间形成接触屏障，显著提高脂质体的消化稳定性[176]。常见的能够提高脂质体体外消化稳定性的表面修饰物质有二氧化硅纳米颗粒[333]、果胶（海藻酸盐、葡聚糖硫酸酯）/壳聚糖[210, 334-336]和乳清分离蛋白[337]等。

食物的消化是从口腔开始的，通过咀嚼的机械作用降低固体食物的尺寸，并将其与唾液相混合，形成可吞咽的黏性消化物，而液体在口腔中停留数秒后直接吞下。食物进入胃后，会继续在胃蠕动的机械作用下进一步降低尺寸，同时在低 pH、胃蛋白酶下进行降解。小肠是食物经酶消化和吸收的主要场所。研究人体消化的复杂多阶段过程具有技术上的困难性，而选择体外模型可提高实验的重复性，同时具有容易控制、加工周期短、成本低、样本量少的优点。

体外模型分为动态模型和静态模型。动态模型包括单室模型里的动态胃模型、肠道模型、双室模型和多室模型。虽然动态模型可以模拟 pH、酶分泌、蠕动力和微生物发酵的连续变化，更接近人体的消化的动态环境特点，但是由于其研发的成本较高，因此其应用受到了一定程度的限制。体外消化系统中最常用的是静态模型，其采用的设备简单，如水浴或空气浴振荡和 pH-stat，有助于初步试验的进行。近年来，脂质体消化行为的探索和研究大多使用静态模型。

本章拟采用上一章制备的 Eudragit S100 包覆前后的 PBE-CoQ$_{10}$-L 为研究对象，采用静态模型研究脂质体在模拟体外消化（口腔、胃和小肠）过程中，Eudragit S100 包覆前后 PBE-CoQ10-L 粒径大小及分布、结构及微观形貌等的变化；同时，探讨 Eudragit S100 包覆前后脂质体作为载体对 CoQ$_{10}$ 释放率的调控作用和生物可及性的影响，从而为相关研究提供理论与实践依据。

8.2 实验材料及实验仪器与设备

8.2.1 实验材料

本章主要实验材料：甲醇（色谱纯）、无水乙醇（色谱纯）、氯仿、正己烷（色谱纯）、PBE（纯度＞97%）、吐温-80、大豆磷脂（纯度＞98%）、CoQ_{10}（纯度＞98%）、磷酸二氢钠、磷酸氢二钠、磷酸氢二钾、氢氧化钠、氯化钠、氯化钾、胃黏膜素（黏蛋白）、胃蛋白酶（猪源）、胰酶和脱氧胆酸钠（来源于牛）（纯度＞98%）。

8.2.2 实验仪器和设备

本章主要实验仪器与设备：BSA2245 电子分析天平、HM-500 超声波信号发生器、SHZ-D 循环水式多用真空泵、PHS-3C pH 计、TGL-16G 台式离心机、2695 高效液相色谱、2998 PDA Detector、C_{18}（4.6 mm×250 mm，5 μm）液相色谱柱、RC806D 溶出试验仪、F-7000 分子荧光光谱仪、Model Spectrum Two 傅立叶变换红外光谱仪、Zetasizer Nano ZS 粒度仪、RE-52A 旋转蒸发仪和 Vortex-1 旋涡混匀仪。

8.3 实验方法

8.3.1 Eudragit S100 包覆和未包覆 PBE-CoQ$_{10}$-L 的制备

制备过程同 5.3.1 和 7.3.1。

8.3.2 模拟消化

本章采用体外模拟消化法评价 PBE-CoQ$_{10}$-L 脂质体的消化特性，参照文献 [162] 和文献 [338] 所述，建立了一个包括口腔、胃和小肠阶段的简化模型，并进行了一些修改。整个消化过程在 37 ℃ 溶出实验仪中进行。所有溶液在混合前需要在 37 ℃ 预热。

模拟体外消化模型主要包括 3 个阶段：口腔阶段、胃阶段和小肠阶段。

8.3.2.1 口腔阶段

模拟唾液（simulated saliva fluid, SSF）的配制：准确称取 1.594 g NaCl、0.202 g KCl 和 0.6 g 黏蛋白蒸馏水溶解并定容于 1 L 的容量瓶中，待用。将脂质体乳液与 SSF 以 1∶1 的体积比混合并调整 pH 为 6.80±0.02，溶出仪搅拌桨转速为 100 r/min，消化时间为 10 min。口腔阶段消化结束后取样置于冰水中避光待用。

8.3.2.2 胃阶段

模拟胃液（simulated gastric fluid, SGF）的配制：将 2 g NaCl、7 mL 浓 HCl 和 3.2 g 胃蛋白酶蒸馏水溶解并定容于 1 L 的容量瓶中，待用。

将模拟口腔的混合物与 SGF 按体积比 1∶1 混合并调整 pH 为 1.50 ± 0.02，溶出仪搅拌桨转速为 100 r/min，消化时间为 2 h。胃阶段消化后取样置于冰水中避光待用。

8.3.2.3 小肠阶段

模拟肠液（simulated intestinal fluid, SIF）的配制：准确称取 6.8 g K_2HPO_4、8.775 g NaCl、5 g 胆盐和 3.2 g 胰酶蒸馏水溶解并定容于 1 L 的容量瓶中，待用。由于酸性条件下会导致胰酶失活，因此模拟胃阶段混合物与 SIF 按体积比 1∶1 混合前，pH 必须适当调整至 6.80 左右。混合后将 pH 调至 7.00 ± 0.02，溶出仪搅拌桨转速为 100 r/min，消化时间为 2 h。小肠阶段消化后取样置于冰水中避光待用。

8.3.3 包封率的测定

测定过程同 5.3.3。

8.3.4 粒径、电位和 PDI 的测定

测定过程同 3.3.2。

8.3.5 微观结构的观察

测定过程同 3.3.3。

8.3.6 模拟消化条件下植物甾醇丁酸酯 CoQ10 脂质体的释放率实验

在模拟体外消化的过程中，分别在口腔、胃及肠液阶段取样，则消化过程中 CoQ_{10} 累积释放量等于消化阶段所测得的游离 CoQ_{10} 的量减去消化之前游离 CoQ_{10} 的量，则 CoQ_{10} 积累释放率公式为：

$$\text{CoQ}_{10}\text{累积释放率}(\%) = \frac{\text{消化阶段游离CoQ}_{10}\text{的量} - \text{消化前游离CoQ}_{10}\text{的量}}{\text{CoQ}_{10}\text{的总量}} \times 100\%$$

8.3.7 Eudragit S100 包覆与未包覆脂质体中 CoQ_{10} 的生物可及性

本节参照谭晨[339]的操作方法但略有改动。将 SIF 消化后的样品取 10 mL 转移至离心管中，在 4 ℃条件下 15 000 r/min 离心 30 min。离心后的样品顶部是上清液层，本实验认为这部分是 CoQ_{10} 所在的可溶性"胶束"部分。取一定量的正己烷与上清液混合漩涡振荡 5 min，在 4 ℃下 3 000 r/min 离心 5 min，收集正己烷，重复此操作 3 次，合并正己烷，然后减压旋蒸出正己烷，再用色谱级无水乙醇定容，通过 HPLC 检测胶束层中 CoQ_{10} 的含量，便可计算出 CoQ_{10} 经消化后的生物可及率，即：

$$\text{CoQ}_{10}\text{生物可及率}(\%) = \frac{\text{胶束中CoQ}_{10}\text{的量}}{\text{样品中CoQ}_{10}\text{的量}} \times 100\%$$

8.3.8 脂质双分子层膜微极性的测定

芘溶液的配制过程如下：称取芘（0.304 g）溶于无水乙醇，然后定容于 50 mL 容量瓶中。微极性的测定过程如下：分别取消化前的 PBE-CoQ_{10}-L 脂质体 0.5 mL、口腔消化结束后的脂质体 1 mL、胃液消化结束后的脂质体 2 mL、肠液消化结束后的脂质体 4 mL，稀释至 10 mL。Eudragit S100 包覆的脂质体取样稀释方法同上。取 12 μL 芘的乙醇溶液，加入 25 mL 烧杯中。待无水乙醇挥发完全后，用移液枪加入 3.6 mL 稀释好的 Eudragit S100 包覆前后 PBE-CoQ_{10}-L 原液或消化液，于 37 ℃、95 r/min 下水浴平衡 30 min，然后再加入 5.4 mL 上述稀释好的溶液。设定荧光分光光度计的激发波长为 334 nm，扫描范围由 340 nm 到 450 nm，E_x 狭缝为 5 nm，E_m 狭缝为 1 nm，分别在 374.6 nm 和 385.6 nm 波长处读取荧光读数 I_1 和 I_3。用第一发射峰（371 nm，I_1）与第三发射峰

（382 nm，I_3）的荧光强度比 I_1/I_3 表示芘所处环境的极性。

8.3.9 红外光谱（FTIR）分析

冷冻干燥经口腔、胃液、肠液消化后的脂质体样品，取少量置于检测石英台，红外光谱扫描范围为 400～4 000 cm^{-1}，分辨率为 4 cm^{-1}，扫描次数为 32。

8.4 实验结果与讨论

8.4.1 Eudragit S100 包覆对消化过程中脂质体的平均粒径和 PDI 的影响

Eudragit S100 包覆前后脂质体在模拟人体体外消化时平均粒径和 PDI 随消化时间变化的趋势如图 8-1 所示。

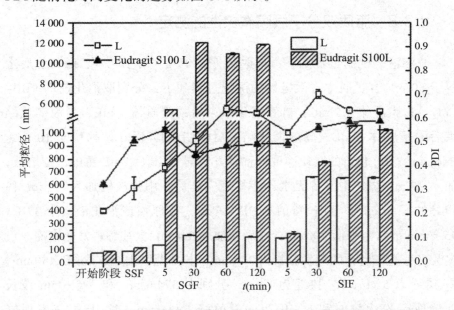

图 8-1 Eudragit S100 包覆前后脂质体经口腔、胃和肠道消化后平均粒径和 PDI

8 Eudragit S100 包覆对植物甾醇丁酸酯脂质体体外消化特性的影响

在 SSF 阶段，消化时间为 10 min，结束后取样检测；在 SGF 和 SIF 阶段，消化时间为 0～120 min，分别在 5 min、30 min、60 min 和 120 min 取样检测。

在 SSF 阶段，Eudragit S100 包覆前后脂质体平均粒径没有明显变化。在此阶段，因为消化时间短，pH 由 7.4 调为 6.8，所以此阶段对 Eudragit S100 包覆与未包覆脂质体的平均粒径没有明显的影响；但可能由于模拟唾液中黏蛋白的存在，平均粒径分布范围明显增大。

在 SGF 阶段，未包覆脂质体平均粒径从 5 min 的 134.1 nm 增加至 30 min 的 209.4 nm，然后至 120 min 消化结束平均粒径几乎保持不变；包覆脂质体由于 pH 的降低而使 Eudragit S100 沉淀，表现为平均粒径急剧增加至微米级。在酸性环境下，Eudragit S100 包覆的脂质体呈微米级，这与 De Leo 等[330]研究的 Eudragit S100 包覆姜黄素脂质体在酸性条件下的粒径相一致。在 SGF 阶段，未包覆脂质体的平均粒径增加，这可能是囊泡发生了聚集或融合现象。这一结果可能是由于在消化过程中 pH 从中性（脂质体溶液 pH 为 7.4）到强酸（胃中 pH 为 1.5）急剧下降，颗粒间胶体相互作用的强度及范围发生了变化，从而出现了脂质体聚集。

在 SIF 阶段，包覆与未包覆脂质体平均粒径随消化时间的延长而呈现增大的趋势，聚合物 Eudragit S100 在弱碱性条件下的溶解导致包覆脂质体在此阶段的平均粒径小于 SGF。在 SIF 阶段，模拟肠液中既有胆酸盐又有胰酶，在胆酸盐对脂质膜的破坏作用和胰酶的酶解作用下，脂质体中的磷脂发生了水解，导致脂质体溶胀、聚集和融合，表现为脂质体平均粒径明显上升。Machado 等[177]和 Vergara 等[188]报道的结果与本实验一致。然而，Liu 等[340]报道，在体外胃肠消化负载乳铁蛋白脂质体时，由乳脂磷脂制备的脂质体平均粒径减小。这可能是由于不同脂质体系统的结构和消化过程的条件不同（pH 和温度）而表现出不同的行为。在肠液条件下，Eudragit S100 溶解缓慢释放出脂质体，因此相应的平均粒径会比 SGF 阶段减小。

8.4.2 Eudragit S100 包覆对体外消化过程中脂质体微观形貌的影响

未包覆脂质体在模拟体外消化前后的 TEM 图像如图 8-2 所示。其中，(a)～(b) 分别代表脂质体 (未经消化)、口腔消化 10 min 后、胃液消化 120 min 后、肠液消化 120 min 后。由图 8-2 (b) 可知，经过口腔消化 10 min 后，脂质体结构完整，仍呈球形，粒径无明显变化；胃液消化 120 min 后 [图 8-2 (c)]，脂质体仍保持完整的接近球形的外观形态，虽然粒径有所增大，但是其结构仍然完整，未发现膜结构的明显破损。这说明酸性环境以及胃蛋白酶对脂质双分子膜结构影响不大，这可能是 PBE 促进了膜材分子的有序排列，可以抵御外界极端环境的影响。在肠液消化 120 min 后 [图 8-2 (d)]，脂质体出现了不规则的成片聚集物，同时分散有一些小的不完整囊泡。这可能是由于脂质膜中的磷脂被胰酶水解，释放出游离脂肪酸而破坏了膜的完整性；同时胆盐的乳化作用与释放出的脂肪酸和磷脂形成了较大的水溶性混合胶束。未包覆脂质体经模拟人体各阶段消化后的 TEM 图像进一步证实了前面所述粒径的变化。

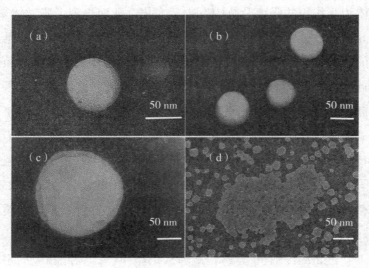

图 8-2 未包覆脂质体在模拟人体消化后的 TEM 图像

8 Eudragit S100 包覆对植物甾醇丁酸酯脂质体体外消化特性的影响

Eudragit S100 包覆脂质体在模拟体外消化后的 TEM 图像如图 8-3 所示。其中，(a)～(b) 分别代表脂质体（未经消化）、口腔消化 10 min 后、胃液消化 120 min 后、肠液消化 120 min 后。在图 8-3(a) 中，囊泡周围包裹着一层絮状物，充分证明 Eudragit S100 成功包覆。在 SSF 阶段，包覆脂质体平均粒径没有明显变化，外观形貌完整。在这一阶段 pH 为 6.80，Eudragit S100 没有达到溶解的条件，因此 TEM 图仍能看出其包覆于脂质体上。在 SGF 阶段，Eudragit S100 呈现成片的沉淀物及少量未包覆的脂质体。这一阶段，pH 为 1.50，Eudagit S100 在酸性环境包覆囊泡簇而使平均粒径达微米级，这与前面的 DLS 测得的平均粒径相一致。在 SIF 阶段，TEM 图与未包覆无明显区别。在这一阶段，脂质体从 Eudagit S100 中释放出来，在胰酶、胆汁酸盐的作用下，脂质膜破损并发生聚集、融合，因此平均粒径因为 pH 的升高而显著减小，随后略微增大，原因同未包覆脂质体。

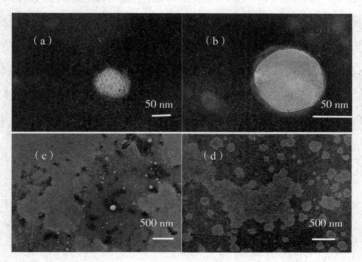

图 8-3 Eudragit S100 包覆脂质体在模拟人体消化后的 TEM 图像

8.4.3 体外模拟消化过程中 CoQ_{10} 累积释放率的分析

Eudragit S100 包覆前后 PBE-CoQ_{10}-L 经由不同的体外模拟消化阶段，在不同的释放介质及酶、pH 等因素的作用下，脂质膜成分发生降解、破裂，致使包埋的 CoQ_{10} 释放出来，测定 CoQ_{10} 的累积释放量可在一定程度上反映该过程的消化情况。图 8-4 是体外模拟消化过程中 CoQ_{10} 释放率。在 SSF 阶段，两者均有微量的释放。在 SGF 阶段，由于 Eudagit S100 的包覆保护作用，CoQ_{10} 释放率低于未包覆脂质体。结果表明，Eudagit S100 能够有效抑制脂质体在低 pH 条件下 CoQ_{10} 的释放，从而有效地保护包埋物。Eudagit S100 包覆脂质体在 SGF 阶段的缓释有利于口服给药，因为有更多的负载物质可供肠道吸收[195]。同时，Eudagit S100 包覆与未包覆脂质体在 SIF 阶段释放率显著增大，分别达到 60.8% 和 56.0%。在这一过程中，胰酶和胆盐对脂质膜的破坏及包埋物质释放起着关键作用。在 SIF 消化过程中，包埋物质释放速度快、释放量大可能是胰酶和胆酸盐在脂质膜中的渗透引起脂质体溶胀或破裂[341]。结果还显示，在 SIF 消化过程中，Eudagit S100 包覆脂质体比未包覆脂质体 CoQ_{10} 释放率大。这可能是由于 Eudagit S100 在 SGF 阶段保护了脂质体及负载物质免受低酸的破坏，而在弱碱性环境中将包覆的脂质体释放出来。

8 Eudragit S100 包覆对植物甾醇丁酸酯脂质体体外消化特性的影响

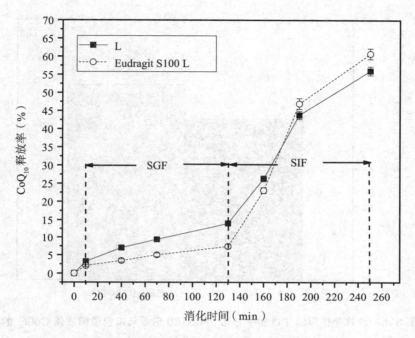

图 8-4 体外模拟消化过程中 CoQ_{10} 释放率

8.4.4 Eudagit S100 包覆和未包覆脂质体的生物可及性

在体外模拟消化过程中 Eudagit S100 包覆与未包覆脂质体 CoQ_{10} 的生物可及率如图 8-5 所示。

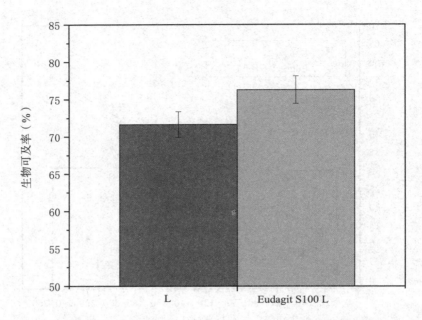

图 8-5 在体外模拟消化过程中 Eudagit S100 包覆与未包覆脂质体 CoQ_{10} 的生物可及率

生物可及性即评价食品配方的营养效率，以改善人类健康[342]。在混合胶束相中，溶解的有效组分代表消化过程后的整体生物可及性[343]。据报道，小肠上皮细胞对营养物质的吸收主要归因于胰酶和胆酸盐对脂质体的影响[344]。由图 8-5 知，CoQ_{10} 在 Eudagit S100 包覆脂质体中的生物可及率为（76.8±1.8）%，高于未包被脂质体的生物可及率[（71.7±1.7）%]。Eudagit S100 包覆防止了 CoQ_{10} 与消化液中的其他物质相互作用，减少了 CoQ_{10} 在肠道消化前的释放和降解。同时，Eudagit S100 包覆脂质体的包封效率较高，可释放更多的 CoQ_{10} 用于肠道吸附，这与上述 CoQ_{10} 释放研究结果一致。此外，Eudagit S100 包覆脂质体生成的混合胶团在 SIF 消化阶段具有更强的溶解 CoQ_{10} 的能力，因此比未包覆脂质体具有更高的生物可及性。

8.4.5 Eudagit S100 包覆对体外消化过程中脂质膜微极性的影响

芘是一种非极性荧光探针，其荧光发射光谱有五个特征峰，其中第一个峰（371 nm, I_1）与第三个峰（382 nm, I_3）的荧光强度的比值（I_1/I_3）反映了芘分子所在环境的微极性，I_1/I_3 值越大，表明其所处环境的微极性越大[345]。在消化过程中 Eudagit S100 包覆与未包覆脂质体中芘的 I_1/I_3 比值的变化如图 8-6 所示。

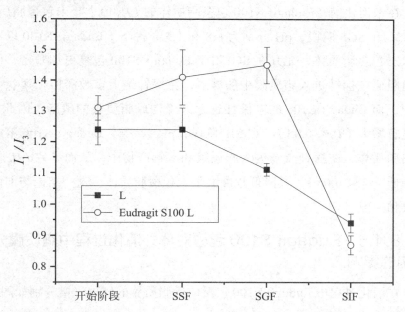

图 8-6　在消化过程中 Eudagit S100 包覆与未包覆脂质体中芘的 I_1/I_3 比值的变化

由图 8-6 可知，未包覆脂质体的 I_1/I_3 值在经过 SSF 阶段后与原脂质体相比无明显变化，这与前面的平均粒径、微观形貌和释放结果相一致。当芘从高度疏水变为更亲水时，I_1/I_3 比值应该会迅速增加。经过 SGF 阶段后，脂质体的 I_1/I_3 比值显著下降（$P < 0.05$），表明磷脂双分子膜流动性降低。这可能是由于环境的 pH（SGF, pH 1.5）低于脂质体的内部环境（pH 7.4），可以在脂质体膜的两侧形成渗透压差，使磷脂排列更加

紧密[346]，环境中的极性物质不易进入脂质膜。因此，脂质体膜流动性降低，芘探针倾向于停留在磷脂的疏水脂肪酸链区域，导致 I_1/I_3 比值明显降低。在 SIF 阶段，脂质体的完整结构受损、双层膜排列变得无序，同时水解中间产物和最终产物，如溶血磷脂、非酯化脂肪酸和甘油磷脂化合物均具有比脂质膜（磷脂）更小的极性。因此，I_1/I_3 值均小于未消化脂质体。这一结果与 Zhang 等[190] 研究不同磷脂构成的脂质体在体外模拟消化条件下的膜微极性变化相一致。

在未消化前，Eudagit S100 包覆脂质体的 I_1/I_3 值大于未包覆脂质体。在 SSF 和 SGF 阶段，pH 分别为 6.8 和 1.5 条件下，Eudagit S100 以不溶的状态包裹脂质体，尤其在 SGF 中，Eudagit S100 包裹更加紧密，形成一道阻碍芘探针进入脂质膜中的屏障，芘探针绝大多数滞留在絮状不溶物中，而 Eudagit S100 的微极性远远大于构成脂质膜的磷脂，因此 I_1/I_3 值显著增大（$P < 0.05$）。在 SIF 阶段，pH 为 7.4，Eudagit S100 溶解释放出脂质体，芘探针重新进入脂质膜和水解产物中，从而导致 I_1/I_3 值显著降低（$P < 0.05$），其降低程度大于未包覆脂质体。这一结论与前面的结果相一致。

8.4.6 Eudagit S100 包覆对体外消化过程中脂质膜分子结构的影响

在消化过程中 Eudagit S100 包覆前后脂质体的红外光谱分别如图 8-7 和图 8-8 所示。

8 Eudragit S100 包覆对植物甾醇丁酸酯脂质体体外消化特性的影响

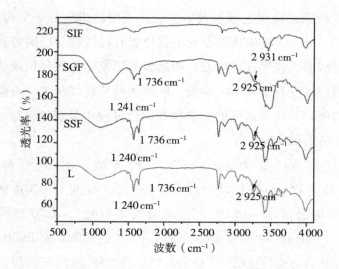

图 8-7　在消化过程中 Eudagit S100 包覆前脂质体的红外光谱

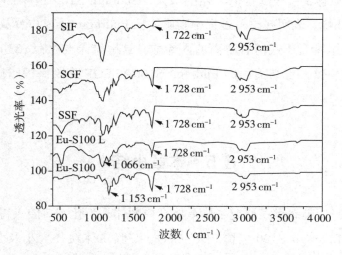

图 8-8　在消化过程中 Eudagit S100 包覆后脂质体的红外光谱

由图 8-7 和图 8-8 可知，未包覆脂质体的红外光谱具有明显的脂质特征峰，其中 2 925 cm^{-1} 为烷基链 C—H 的伸缩振动特征峰，1 736 cm^{-1} 为 C=O 酯拉伸特征峰，1 240 cm^{-1} 为 P=O 特征峰。在 SSF 阶段，脂质体的特征峰强度和位置没有发生变化，说明其脂质分子结构未改变。在 SGF 阶段，P=O 特征峰强度变小且位置有轻微移动，同时其他特征峰强度有所减弱，说明在此阶段，脂质膜外层发生溶胀致使磷脂分子结构发生了微弱的变化。在 SIF 阶段，脂质体的特征峰消失，表明脂质体结构显著被破坏。这与前面的脂质体在消化过程中呈现的粒径、微观形貌和释放等结果相一致。

波数 2 953 cm^{-1} 处为 Eudragit S100 的羧酸 —OH 特征峰，波数 1 728 cm^{-1} 处为 C=O 特征峰，波数 1 153 cm^{-1} 处为 C—O 特征峰，这与文献所报道的基本一致 [330, 347]，而脂质体中的 C—O 特征峰波数为 1066 cm^{-1}。Eudragit S100 包覆脂质体后，红外光谱既具有 Eudragit S100 的特征峰，又具有脂质体的 C—O 特征峰。在 SSF 和 SGF 阶段，Eudragit S100 脂质体特征峰无显著变化，说明脂质体的结构受到了保护。在 SIF 阶段，脂质体的 C—O 特征峰强度增大，Eudragit S100 的特征峰只剩下 —OH 特征峰，表明在这一过程中脂质体从 Eudragit S100 中释放了出来，但是脂质体界面还残留着游离的丙烯酸，这一结果与文献 [330] 中描述的结果相一致，也与前面的 Eudragit S100 在 SGF 阶段保护脂质体的结论相一致。

8.5 本章小结

本章采用静态模型研究了脂质体在模拟体外消化（口腔、胃和小肠）过程中，Eudragit S100 包覆 PBE–CoQ$_{10}$–L 脂质体粒径大小及分布、结构及微观形貌等的变化，探讨了 Eudragit S100 包覆脂质体作为载体对 CoQ$_{10}$ 释放率的调控作用和生物可及性的影响。研究结果表明，在 SGF 阶段，Eudragit S100 提高了脂质体的稳定性，并且对脂质体的 FTIR 特征峰起到了保护作用，降低了 CoQ$_{10}$ 释放率，起到了缓释和促进肠道吸收的作用，明显提高了生物可及率。在 SIF 阶段，包覆降低了脂质体膜的微极性，表明包覆保护了脂质体的完整性。因此，Eudragit S100 有望成为理想的口服载体的包覆物，本章的研究结果为相关研究提供了理论与实践依据。

结论与展望

本书主要分为三个部分：一是采用合成的一系列植物甾醇酯构建脂质体，研究不同碳链长度的脂肪酸植物甾醇酯与所构建脂质体物理性质和稳定性的内在关系，研究植物甾醇酯与脂质分子之间的相互作用及其对脂质双分子层性能的影响；二是以 CoQ_{10} 为包埋物模型构建植物甾醇丁酸酯脂质体，研究植物丁酸酯 CoQ_{10} 脂质体的稳定性，对比研究植物丁酸酯、胆固醇和植物甾醇 CoQ_{10} 脂质体小鼠体内药代动力学和组织分布；三是研究聚丙烯酸树脂 Eudragit S100 包覆对 PBE–CoQ_{10}–L 稳定性和体外模拟消化特性的影响。

本书的主要结论如下：

（1）本书研究了不同链长脂肪酸植物甾醇酯、不同掺入量对脂质体物理性质、储藏稳定性的影响，发现植物甾醇酯的脂肪酸链长决定着掺入脂质双层膜的量和包封率，链长越长，掺入量和包封率越低。植物甾醇酯的掺入量决定着脂质体粒径大小和 PDI，在低于最大掺入量下，构建的脂质体粒径大小（为 60 nm 左右）无显著变化，粒径分布均匀，微观形貌为比较规整的球形，且储藏稳定性好。

（2）本书采用物理手段研究了不同植物甾醇酯与脂质分子之间的相互作用及其对脂质膜性能的影响，发现植物甾醇酯掺入脂质体双层膜影响了磷脂头基 C=O 和 P=O 的氢键键合能力，可以推断植物甾醇酯定位于脂质体膜界面。短链和中碳链脂肪酸植物甾醇酯的掺入提高了双层膜磷脂酰基链的横向和纵向有序性，降低了膜的流动性和微极性，增加了膜的稳定性。

（3）本书通过单因素和响应面优化实验确定了脂质体配方并进行表征和稳定性的研究，发现植物甾醇丁酸酯辅酶 Q_{10} 脂质体在最佳配方下，CoQ_{10} 的包封率高达 94.1%，呈现为比较规整的球形，且分布均匀。植物甾醇丁酸酯辅酶 Q_{10} 脂质体具有良好的储藏稳定性、热稳定性、盐溶液稳定性，与胆固醇和植物甾醇的物化稳定性无显著差异。

（4）本书通过小鼠口服游离的辅酶 Q_{10}、植物丁酸酯辅酶 Q_{10} 脂质体、植物甾醇辅酶 Q_{10} 脂质体和胆固醇辅酶 Q_{10} 脂质体药代动力学和组织分布研究发现了以下结论：

①血浆药时曲线符合非房室模型拟合，植物甾醇丁酸酯脂质体、植物甾醇脂质体和胆固醇脂质体提高了相对生物利用率，分别为 329.46%、354.83% 和 396.88%；对照组的半衰期 143.99 min，脂质体组分别延长至 626.39 min、639.15 min 和 552.11 min。因此，脂质体提高了辅酶 Q_{10} 的生物利用度，起到了缓释作用。

② 12 h 内不同组织药时分布显示，脂质体组在心、肝中的药时曲线下面积显著增加，由对照组心 20.08 mg·min·L^{-1} 增加至 61.44 mg·min·L^{-1}、62.59 mg·min·L^{-1} 和 64.53 mg·min·L^{-1}，由对照组肝 37.00 mg·min·L^{-1} 增加至 81.94 mg·min·L^{-1}、82.30 mg·min·L^{-1} 和 89.46 mg·min·L^{-1}。脂质体组心、肝相对摄取率为游离组的 2~3 倍。辅酶 Q_{10} 脂质体靶向心和肝，而且植物甾醇丁酸酯、植物甾醇和胆固醇无显著差异（$P > 0.05$）。

（5）本书采用 pH 驱动法进行了聚丙烯酸树脂 Eudragit S100 包覆脂质体的研究，发现 Eudragit S100 包覆提高了辅酶 Q_{10} 包封率，由原来的 94.1% 提高到 95.5%；FTIR 和 XRD 证明 Eudragit S100 成功包覆了脂质体；稳定性研究表明，Eudragit S100 包覆提高了脂质体在不同 pH 和盐浓度条件下的稳定性。

（6）本书进行了 Eudragit S100 包覆植物甾醇丁酸酯脂质体的体外模拟消化特性研究，发现在模拟胃阶段，Eudragit S100 包覆脂质体提高了脂质体的稳定性，降低了 CoQ_{10} 释放率，起到了缓释和促进肠道吸收的作用。Eudragit S100 的包覆提高了包埋物质的生物可及率，由原来的 $(71.7 \pm 1.7)\%$ 提高至 $(76.8 \pm 1.8)\%$。因此，Eudragit S100 有望成为理想的口服载体的包覆物。

本书的创新点如下：

（1）构建了 $C_2 \sim C_{18}$ 不同碳链长度的脂肪酸植物甾醇酯脂质体，揭示了其对脂质体物理性质及膜性能影响的规律性。

（2）采用小鼠实验对比分析了植物甾醇丁酸酯与胆固醇、植物甾醇脂质体对辅酶 Q_{10} 的药代动力学和组织分布的影响，发现植物丁酸酯有望替代胆固醇构建有效运载脂溶性物质的脂质体体系。

（3）发现 Eudragit S100 包覆提高了植物甾醇丁酸酯辅酶 Q_{10} 脂质体的稳定性和体外消化特性。

本书的不足与展望如下：

脂质体的稳定性差，容易发生聚集、融合、絮凝和沉淀，这严重地制约了它的应用和发展。因此，稳定性成为评价脂质体质量的主要指标之一。脂质体的稳定性不仅包括物理稳定性，还包括化学稳定性，本书仅研究了植物甾醇酯对构建脂质体物理性质和物理稳定性的影响规律，但是未能涉及其对脂质体化学性质的影响，脂质膜的抗氧化和水解性能需要在下一步的研究中继续进行深入探究。

脂质体在体内外稳定性的提高，以及有效的输送包埋物质是脂质体研究的一个热门方向，如何构建普遍适用的、稳定、有效和安全的脂质体是本课题下一步研究的重要方向。本书通过构建植物甾醇丁酸酯提高了辅酶 Q_{10} 稳定性和生物可及性，但是未能涉及其他脂溶性或水溶性的包埋物质。因此，本课题的下一步研究工作应该继续探讨植物甾醇丁酸酯代替胆固醇构建的脂质体对其他包埋物质的适用性，探讨其与不同包埋物质对脂质膜影响的本质。

近年来，包埋两种及以上生物活性物质的复合脂质体研究逐渐成为研究的热点之一，具有生理功能的植物甾醇酯与其他生物活性成分之间的复合作用需要进一步进行研究和探讨。

参考文献

[1] BANGHAM A D, STANDISH M M, WEISSMANN G. The action of steroids and streptolysin S on the permeability of phospholipid structures to cations[J]. Journal of Molecular Biology, 1965, 13（1）: 253-259.

[2] WANG Q, CHENG S, QIN F, et al. Application progress of RVG peptides to facilitate the delivery of therapeutic agents into the central nervous system[J]. RSC Advances, 2021, 11（15）: 8505-8515.

[3] ZHAI B, WU Q, WANG W, et al. Preparation, characterization, pharmacokinetics and anticancer effects of PEGylated β-elemene liposomes[J]. Cancer Biology and Medicine, 2020, 17（1）: 60-75.

[4] MIRAB F, WANG Y, FARHADI H, et al. Preparation of gel-liposome nanoparticles for drug delivery applications[C]//2019 41st Annual International Conference of the IEEE Engineering in Medicine & Biology Society（EMBC）.Piscataway, NJ: IEEE, 2019: 3935-3938.

[5] GUO F, LIN M, GU Y, et al. Preparation of PEG-modified proanthocyanidin liposome and its application in cosmetics[J]. European Food Research & Technology, 2015, 240（5）: 1013-1021.

[6] ESTANQUEIRO M, CONCEIÇÃO J, AMARAL M H, et al. The role of liposomes and lipid nanoparticles in the skin hydration[M]// RIGANO L, LIONETTI N.Nanobiomaterials in galenic formulations and cosmetics.New Jersey: William Andrew Publishing, 2016: 297-326.

[7] 王海平, 王咏梅, 杜喜平, 等. 护肤化妆品配方中的脂质体种类选择[J]. 中国化妆品（行业）, 2010（7）: 75-78.

[8] SEMENOVA M, ANTIPOVA A, MARTIROSOVA E, et al. Essential contributions of food hydrocolloids and phospholipid liposomes to the formation of carriers for controlled delivery of biologically active substances via the gastrointestinal tract[J]. Food Hydrocolloids, 2021, 120: 106890.

[9] LIU W, HOU Y, JIN Y, et al. Research progress on liposomes: Application in food, digestion behavior and absorption mechanism[J]. Trends in Food Science & Technology, 2020, 104: 177-189.

[10] LOPEZ-POLO J, SILVA-WEISS A, GIMÉNEZ B, et al. Effect of lyophilization on the physicochemical and rheological properties of food grade liposomes that encapsulate rutin[J]. Food Research International, 2019, 130: 108967.

[11] 吴明. 脂质体在植物基因工程中的应用 [J]. 生物工程学报, 1985, 1（4）: 71.

[12] 汤辉仙, 贾士荣. 脂质体介导的基因转移在植物遗传工程中的运用[J]. 中国农学通报, 1989（4）: 27-29, 26.

[13] 孙宜胜. 基于NO和HNO供体的果蔬保鲜剂的制备及应用研究 [D]. 泰安: 山东农业大学, 2018.

[14] AJEESHKUMAR K K, ANEESH P A, RAJU N, et al. Advancements in liposome technology: preparation techniques and

applications in food, functional foods, and bioactive delivery: a review[J]. Comprehensive Reviews in Food Science and Food Safety, 2021, 20（2）: 1280-1306.

[15] ALAM S, MATTERN-SCHAIN S I, BEST M D. Targeting and rriggered release using lipid-based supramolecular assemblies as medicinal nanocarriers[J]. Comprehensive Supramolecular Chemistry II, 2017, 5: 329-364.

[16] ALAVI M, KARIMI N, SAFAEI M. Application of various types of liposomes in drug delivery systems[J]. Advanced Pharmaceutical Bulletin, 2017, 7（1）: 3-9.

[17] LILA A S A, ISHIDA T. Liposomal delivery systems: design optimization and current applications[J]. Biological & Pharmaceutical Bulletin, 2017, 40（1）: 1-10.

[18] SHARMA A, SHARMA U S. Liposomes in drug delivery: Progress and limitations[J]. International Journal of Pharmaceutics, 1997, 154（2）: 123-140.

[19] 侯丽芬, 谷克仁, 吴永辉. 不同制剂脂质体制备方法的研究进展 [J]. 河南工业大学学报（自然科学版），2016, 37（5）: 118-124.

[20] KAUR G, SINGH P, SHARMA S. Physical, morphological, and storage studies of cinnamon based nanoemulsions developed with Tween 80 and soy lecithin: a comparative study[J]. Journal of Food Measurement and Chaterizracation, 2021, 15（3）: 2386-2398.

[21] VILLANUEVA-BERMEJO D, TEMELLI F. Optimization of coenzyme Q_{10} encapsulation in liposomes using supercritical carbon dioxide[J]. Journal of CO_2 Utilization, 2020, 38: 68-76.

[22] LE N T T, CAO V D, NGUYEN T N Q, et al. Soy lecithin-derived liposomal delivery systems: surface modification and current

applications[J]. International Journal of Molecular Sciences, 2019, 20 (19): 4706-4732.

[23] BHARGAVI N, DHATHATHREYAN A, SREERAM K J. Regulating structural and mechanical properties of pectin reinforced liposomes at fluid/solid interface[J]. Food Hydrocolloids, 2020, 111 (11): 106225.

[24] KONDRATOWICZ A, WEISS M, JUZWA W, et al. Characteristics of liposomes derived from egg yolk[J]. Open Chemistry, 2019, 17 (1): 763-778.

[25] TAI K, LIU F, HE X, et al. The effect of sterol derivatives on properties of soybean and egg yolk lecithin liposomes: stability, structure and membrane characteristics[J]. Food Research International, 2018, 109: 24-34.

[26] ZHANG H Y, TEHRANY E A, KAHN C J F, et al. Effects of nanoliposomes based on soya, rapeseed and fish lecithins on chitosan thin films designed for tissue engineering[J]. Carbohydrate Polymers, 2012, 88 (2): 618-627.

[27] IMRAN M, REVOL-JUNELLES A M, PARIS C, et al. Liposomal nanodelivery systems using soy and marine lecithin to encapsulate food biopreservative nisin[J]. LWT-Food Science and Technology, 2015, 62 (1): 341-349.

[28] LATIFI S, TAMAYOL A, HABIBEY R, et al. Natural lecithin promotes neural network complexity and activity[J]. Scientific Reports, 2016, 6 (1): 25777.

[29] KOSMERL E, GARCIA-CANO I, ROCHA-MENDOZA D, et al. Characterization of milk and soy phospholipid liposomes and inflammation in 3T3-L1 adipocytes[J]. JDS Communications, 2021,

2（5）：238-242.

[30] JASH A, UBEYITOGULLARI A, RIZVI S S H. Synthesis of multivitamin-loaded heat stable liposomes from milk fat globule membrane phospholipids by using a supercritical-CO_2 based system[J]. Green Chemistry, 2020, 22（16）：5345-5356.

[31] AMIRI S, REZAZADEH-BARI M, ALIZADEH-KHALEDABAD M, et al. New formulation of vitamin C encapsulation by nanoliposomes: production and evaluation of particle size, stability and control release[J]. Food Science and Biotechnology, 2019, 28（2）：423-432.

[32] NASR G, GREIGE-GERGES H, ELAISSARI A, et al. Liposome permeability to essential oil components: a focus on cholesterol oontent[J]. The Journal of Membrane Biology, 2021, 254（4）：381-395.

[33] URIA-CANSECO E, PEREZ-CASAS S. Spherical and tubular dimyristoylphosphatidylcholine liposomes[J]. Journal of Thermal Analysis and Calorimetry, 2020, 139（1）：399-409.

[34] MAGARKAR A, DHAWAN V, KALLINTERI P, et al. Cholesterol level affects surface charge of lipid membranes in saline solution[J]. Scientific Reports, 2014, 4（1）：5005.

[35] URICH K. Comparative animal biochemistry[M]. Berlin: Springer Science and Business Media, 2013.

[36] MAHERANI B, ARAB-TEHRANY E, MOZAFARI M, et al. Liposomes: a review of manufacturing techniques and targeting strategies[J]. Current Nanoscience, 2011, 7（3）：436-452.

[37] OHVO-REKILÄ H, RAMSTEDT B, LEPPIEKI P, et al. Cholesterol interactions with phospholipids in membranes[J]. Progress

in Lipid Research, 2002, 41 (1): 66-97.

[38] NEEDHAM D, NUNN R S. Elastic deformation and failure of lipid bilayer membranes containing cholesterol[J]. Biophysical Journal, 1990, 58 (4): 997-1009.

[39] GRACI R S, BEZLYEPKINA N, KNORR R L, et al. Effect of cholesterol on the rigidity of saturated and unsaturated membranes: fluctuation and electrodeformation analysis of giant vesicles[J]. Soft Matter, 2010, 6 (7): 1472-1482.

[40] NAJAFINOBAR N, MELLANDER L J, KURCZY M E, et al. Cholesterol alters the dynamics of release in protein independent cell models for exocytosis[J]. Scientific Reports, 2016, 6 (1): 33702.

[41] SIMONS K, SAMPAIO J L. Membrane organization and lipid rafts[J]. Cold Spring Harb Perspect Biol, 2011, 3 (10): a004697.

[42] MIAO Z L, DENG Y J, DU H Y, et al. Preparation of a liposomal delivery system and its in vitro release of rapamycin[J]. Experimental & Therapeutic Medicine, 2015, 9 (3): 941-946.

[43] CODERCH L, FONOLLOSA J, DE PERA M, et al. Influence of cholesterol on liposome fluidity by EPR: relationship with percutaneous absorption[J]. Journal of Controlled Release, 2000, 68 (1): 85-95.

[44] FEIGENSON G W. Phase diagrams and lipid domains in multicomponent lipid bilayer mixtures[J]. Biochimica et Biophysica Acta (BBA) -Biomembranes, 2009, 1788 (1): 47-52.

[45] MCMULLEN T P W, LEWIS R N A H, MCELHANEY R N. Cholesterol-phospholipid interactions, the liquid-ordered phase and lipid rafts in model and biological membranes[J]. Current Opinion in Colloid & Interface Science, 2004, 8 (6): 459-468.

[46] DEWITT B N, DUNN R C. Interaction of cholesterol in ternary lipid mixtures investigated using single-molecule fluorescence[J]. Langmuir, 2015, 31（3）: 995-1004.

[47] ZHU B, XIA S, XU S. Preparation of coenzyme Q_{10} liposomes by thin-film rehydration method[J]. Food & Machinery, 2006, 22（6）: 39-41, 79.

[48] POPOVSKA O, KAVRAKOVSKI Z, RAFAJLOVSKA V. Introducing vegetable oils in a preparation of ketoconazole liposomes using a thin-film hydration method[J]. Farmacia, 2019, 67（3）: 467-471.

[49] AL-AMIN M D, BELLATO F, MASTROTTO F, et al. Dexamethasone loaded liposomes by thin-film hydration and microfluidic procedures: formulation challenges[J]. International Journal of Molecular Sciences, 2020, 21（5）: 1611-1629.

[50] PONS M, FORADADA M, ESTELRICH J. Liposomes obtained by the ethanol injection method[J]. International Journal of Pharmaceutics, 1993, 95（1/3）: 51-56.

[51] SHAKER S, GARDOUH A R, GHORAB M M. Factors affecting liposomes particle size prepared by ethanol injection method[J]. Res Pharm, 2017, 12（5）: 346-352.

[52] GOUDA A, SAKR O S, NASR M, et al. Ethanol injection technique for liposomes formulation: an insight into development, influencing factors, challenges and applications[J]. Journal of Drug Delivery Science and Technology, 2021, 61: 102174.

[53] SCHUBERT R. Liposome preparation by detergent removal [M]// Methods in Enzymology.Pittsburgh: Academic Press, 2003: 46-70.

[54] HOLZER M, BARNERT S, MOMM J, et al. Preparative size

exclusion chromatography combined with detergent removal as a versatile tool to prepare unilamellar and spherical liposomes of highly uniform size distribution[J]. Journal of Chromatography A, 2009, 1216（31）：5838-5848.

[55] JISKOOT W, TEERLINK T, BEUVERY E C, et al.Preparation of liposomes via detergent removal from mixed micelles by dilution: the effect of bilayer composition and process parameters on liposome characteristics[J]. Pharmaceutisch Weekblad, 1986, 8（5）：259-265.

[56] JAHADI M, KHOSRAVI-DARANI K, EHSANI M R, et al. The encapsulation of flavourzyme in nanoliposome by heating method[J]. Journal of Food Science & Technology, 2015, 52（4）：2063-2072.

[57] ELMESHAD A N, MORTAZAVI S M, MOZAFARI M R. Formulation and characterization of nanoliposomal 5-fluorouracil for cancer nanotherapy[J].Journal of Liposome Research, 2014, 24（1）：1-9.

[58] MOZAFARI M R. A new technique for the preparation of non-toxic liposomes and nanoliposomes: The heating method [M]// MOZAFARI M R, MORTAZAVI S M. Nanoliposomes: From Fundamentals to Recent Developments.Oxford, UK: Trafford Publishing, 2005: 91-98.

[59] SCHNEIDER T, SACHSE A, RÖBLING G, et al. Generation of contrast-carrying liposomes of defined size with a new continuous high pressure extrusion method[J]. International Journal of Pharmaceutics, 1995, 117（1）：1-12.

[60] DING B M. Preparation and stability of proanthocyanidin liposomes by thin film-extrusion method[J]. Food Science and Technology, 2013, 38（2）：252-255.

[61] DMITRIEVA M, LUGEN B, OBOROTOVA N A, et al. Extrusion method in the technology preparation of liposmes: EPO261170A4[P]. 2021.

[62] SANTO I E, CAMPARDELLI R, ALBUQUERQUE E C, et al. Liposomes preparation using a supercritical fluid assisted continuous process[J]. Chemical Engineering Journal, 2014, 249: 153–159.

[63] CAMPARDELLI R, TRUCILLO P, REVERCHON E. A supercritical fluid-based process for the production of fluorescein-loaded liposomes[J]. Industrial & Engineering Chemistry Research, 2016, 55(18): 5359–5365.

[64] WILLIAM B, NOEMIE P, BRIGITTE E, et al. Supercritical fluid methods: An alternative to conventional methods to prepare liposomes[J]. Chemical Engineering Journal, 2020, 383: 123106.

[65] NARSAIAH K, JHA S N, WILSON R A, et al. Pediocin-loaded nanoliposomes and hybrid alginate-nanoliposome delivery systems for slow release of pediocin[J]. BioNanoScience, 2013, 3(1): 37–42.

[66] NAM J H, KIM S Y, SEONG H. Investigation on physicochemical characteristics of a nanoliposome-based system for dual drug delivery[J]. Nanoscale Research Letters, 2018, 13(1): 1–11.

[67] TANAKA Y, UEMORI C, KON T. Preparation of liposomes encapsulating β-carotene using supercritical carbon dioxide with ultrasonication[J]. The Journal of Supercritical Fluids, 2020, 161: 104848.

[68] LEUNG S S Y, MORALES S, BRITTON W, et al. Microfluidic-assisted bacteriophage encapsulation into liposomes[J]. International Journal of Pharmaceutics, 2018, 545(1/2): 176–182.

[69] DELAMA A, TEIXEIRA M I, DORATI R, et al. Microfluidic encapsulation method to produce stable liposomes containing iohexol[J]. Journal of Drug Delivery Science and Technology, 2019, 54（C）: 101340.

[70] DE LA TORRE L G, PESSOA A C S N, DE CARVALHO B G, et al. Bulk and microfluidic synthesis of stealth and cationic liposomes for applications[J]. DNA Vaccines: Methods and Protocols, 2021, 2197: 253-269.

[71] BYUN Y, KIM Y T, DESAI K, et al. Microencapsulation techniques for food flavour[J]. The Chemistry and Biology of Volatiles, 2010, 12: 307-332.

[72] LIU W, YE A, SINGH H. Progress in applications of liposomes in food systems[M]//SAGIS L M C. Microencapsulation and Microspheres for Food Applications.Pittsburgh: Academic Press, 2015: 151-170.

[73] PINILLA C M B, BRANDELLI A. Antimicrobial activity of nanoliposomes co-encapsulating nisin and garlic extract against gram-positive and gram-negative bacteria in milk[J]. Innovative Food Science & Emerging Technologies, 2016, 36: 287-293.

[74] PINILLA C M B, NOREÑA C P Z, BRANDELLI A. Development and characterization of phosphatidylcholine nanovesicles, containing garlic extract, with antilisterial activity in milk[J]. Food Chemistry, 2017, 220: 470-476.

[75] PINILLA C M B, THYS R C S, BRANDELLI A. Antifungal properties of phosphatidylcholine-oleic acid liposomes encapsulating garlic against environmental fungal in wheat bread[J]. International journal of food microbiology, 2019, 293: 72-78.

[76] WU Z, ZHOU W, PANG C, et al. Multifunctional chitosan-based coating with liposomes containing laurel essential oils and nanosilver for pork preservation[J]. Food Chemistry, 2019, 295: 16-25.

[77] CUI H, ZHANG C, LI C, et al. Inhibition of Escherichia coli O157: H7 biofilm on vegetable surface by solid liposomes of clove oil[J]. LWT, 2020, 117(C): 1-9.

[78] CUI H, LI W, LIN L. Antibacterial activity of liposome containing curry plant essential oil against Bacillus cereusin rice[J]. Journal of Food Safety, 2017, 37(2): 1-5.

[79] GULZAR S, BENJAKUL S. Characteristics and storage stability of nanoliposomes loaded with shrimp oil as affected by ultrasonication and microfluidization[J]. Food Chemistry, 2020, 310: 125916.

[80] GULZAR S, BENJAKUL S, HOZZEIN W N. Impact of β-glucan on debittering, bioaccessibility and storage stability of skim milk fortified with shrimp oil nanoliposomes[J]. International Journal of Food Science & Technology, 2020, 55(5): 2092-2103.

[81] OJAGH S M, HASANI S. Characteristics and oxidative stability of fish oil nano-liposomes and its application in functional bread[J]. Journal of Food Measurement and Characterization, 2018, 12(2): 1084-1092.

[82] GHORBANZADE T, JAFARI S M, AKHAVAN S, et al. Nano-encapsulation of fish oil in nano-liposomes and its application in fortification of yogurt[J]. Food Chemistry, 2017, 216: 146-152.

[83] HAN C, YANG C, LI X, et al. DHA loaded nanoliposomes stabilized by β-sitosterol: preparation, characterization and release in vitro and vivo[J]. Food Chemistry, 2022, 368: 130859.

[84] REZVANI M, HESARI J, PEIGHAMBARDOUST S H, et al.

Potential application of nanovesicles (niosomes and liposomes) for fortification of functional beverages with Isoleucine-Proline-Proline: a comparative study with central composite design approach[J]. Food Chemistry, 2019, 293: 368-377.

[85] SARABANDI K, MAHOONAK A S, HAMISHEHKAR H, et al. Protection of casein hydrolysates within nanoliposomes: antioxidant and stability characterization[J]. Journal of Food Engineering, 2019, 251: 19-28.

[86] MOHAN A, MCCLEMENTS D J, UDENIGWE C C. Encapsulation of bioactive whey peptides in soy lecithin-derived nanoliposomes: Influence of peptide molecular weight[J]. Food Chemistry, 2016, 213: 143-148.

[87] GHIASI F, ESKANDARI M H, GOLMAKANI M T, et al. Build-up of a 3D organogel network within the bilayer shell of nanoliposomes. A novel delivery system for vitamin D_3: preparation, characterization, and physicochemical stability[J]. Journal of Agricultural and Food Chemistry, 2021, 69(8): 2585-2594.

[88] MARSANASCO M, CALABR V, PIOTRKOWSKI B, et al. Fortification of chocolate milk with omega-3, omega-6, and vitamins E and C by using liposomes[J]. European Journal of Lipid Science and Technology, 2016, 118(9): 1271-1281.

[89] AMIRI S, REZAZADEH-BARI M, ALIZADEH-KHALEDABAD M, et al. New formulation of vitamin C encapsulation by nanoliposomes: production and evaluation of particle size, stability and control release[J]. Food Science & Biotechnology, 2019, 28(2): 423-432.

[90] WU Y, MOU B, SONG S, et al. Curcumin-loaded liposomes

prepared from bovine milk and krill phospholipids: effects of chemical composition on storage stability, in-vitro digestibility and anti-hyperglycemic properties[J]. Food Research International, 2020, 136: 109301.

[91] AMJADI S, NAZARI M, ALIZADEH S A, et al. Multifunctional betanin nanoliposomes-incorporated gelatin/chitosan nanofiber/ZnO nanoparticles nanocomposite film for fresh beef preservation[J]. Meat Science, 2020, 167: 108161.

[92] 王宏雁, 张朋杰, 杨琴. 白藜芦醇纳米脂质体的制备与抗氧化性能[J]. 粮食与油脂, 2018, 31（3）: 93-97.

[93] FENG S, SUN Y, WANG P, et al. Co-encapsulation of resveratrol and epigallocatechin gallate in low methoxyl pectin-coated liposomes with great stability in orange juice[J]. International Journal of Food ence & Technology, 2020, 55（5）: 1872-1880.

[94] 韩春然, 宋思思, 王鑫, 等. 超临界CO_2法优化番茄红素脂质体的配方工艺[J]. 中国食品添加剂, 2019, 30（1）: 101-107.

[95] GULDIKEN B, GIBIS M, BOYACIOGLU D, et al. Impact of liposomal encapsulation on degradation of anthocyanins of black carrot extract by adding ascorbic acid[J]. Food & Function, 2017, 8（3）: 1085-1093.

[96] TAI K, RAPPOLT M, MAO L, et al. Stability and release performance of curcumin-loaded liposomes with varying content of hydrogenated phospholipids[J]. Food Chemistry, 2020, 326: 126973.

[97] ENGEL R, SCHUBERT H. Formulation of phytosterols in emulsions for increased dose response in functional foods[J]. Innovative Food Science & Emerging Technologies, 2005, 6（2）: 233-237.

[98] RYAN E, GALVIN K, O'CONNOR T P, et al. Phytosterol, Squalene, tocopherol content and fatty acid profile of selected seeds, grains, and legumes[J]. Plant Foods for Human Nutrition, 2007, 62(3): 85-91.

[99] MAGUIRE L S, O'SULLIVAN S M, GALVIN K, et al. Fatty acid profile, tocopherol, squalene and phytosterol content of walnuts, almonds, peanuts, hazelnuts and the macadamia nut[J]. International Journal of Food Sciences and Nutrition, 2004, 55(3): 171-178.

[100] WEIHRAUCH J L, GARDNER J M. Sterol content of foods of plant origin[J]. Journal of the American Dietetic Association, 1978, 73(1): 39-47.

[101] HE W S, ZHU H, CHEN Z Y. Plant sterols: chemical and enzymatic structural modifications and effects on their cholesterol-lowering activity[J]. Journal of Agricultural & Food Chemistry, 2018, 66(12): 3047-3062.

[102] CALPE-BERDIEL L, ESCOLA-GIL J C, BLANCO-VACA F. New insights into the molecular actions of plant sterols and stanols in cholesterol metabolism[J]. Atherosclerosis, 2009, 203(1): 18-31.

[103] HE W S, LI L, WANG H, et al. Synthesis and cholesterol-reducing potential of water-soluble phytosterol derivative[J]. Journal of Functional Foods, 2019, 60: 103428.

[104] LI X, WANG H, WANG T, et al. Dietary wood pulp-derived sterols modulation of cholesterol metabolism and gut microbiota in high-fat-diet-fed hamsters[J]. Food & Function, 2019, 10(2): 775-785.

[105] CHEN Z Y, JIAO R, MA K Y. Cholesterol-lowering nutraceuticals and functional foods[J]. Journal of Agricultural & Food Chemistry,

2008, 56（19）: 8761-8773.

[106] SHAHZAD N, KHAN W, SHADAB M D, et al. Phytosterols as a natural anticancer agent: current status and future perspective[J]. Biomedicine & Pharmacotherapy, 2017, 88: 786-794.

[107] RAS R T, GELEIJNSE J M, TRAUTWEIN E A. LDL-cholesterol-lowering effect of plant sterols and stanols across different dose ranges: a meta-analysis of randomised controlled studies[J]. British Journal of Nutrition, 2014, 112（2）: 214-219.

[108] NORMÉN A L, BRANTS H A M, VOORRIPS L E, et al. Plant sterol intakes and colorectal cancer risk in the netherlands cohort study on diet and cancer[J]. American Journal of Clinical Nutrition, 2001, 74（1）: 141-148.

[109] SCHONEWILLE M, BRUFAU G, SHIRI-SVERDLOV R, et al. Serum TG-lowering properties of plant sterols and stanols are associated with decreased hepatic VLDL secretion[J]. J Lipid Res, 2014, 55（12）: 2554-2561.

[110] RUI X, WENFANG L, JING C, et al. Neuroprotective effects of phytosterol esters against high cholesterol-induced cognitive deficits in aged rat[J]. Food & Function, 2017, 8（3）: 1323-1332.

[111] CHEUNG C L, HO D K C, SING C W, et al. Randomized controlled trial of the effect of phytosterols-enriched low-fat milk on lipid profile in Chinese[J]. Scientific Reports, 2017, 7（1）: 41084.

[112] VAN RENSBURG S J, DANIELS W M U, VAN ZYL J M, et al. A comparative study of the effects of cholesterol, beta-sitosterol, beta-sitosterol glucoside, dehydro-epiandrosterone sulphate and melatonin on in vitro lipid peroxidation[J]. Metabolic Brain Disease, 2000, 15

（4）：257-265.

[113] NASHED B, YEGANEH B, HAYGLASS K T, et al. Antiatherogenic effects of dietary plant sterols are associated with inhibition of proinflammatory cytokine production in Apo E-KO mice [J].The Journal of Nutrition, 2005, 135（10）：2438-2444.

[114] BRÜÜLI F. Plant sterols: functional lipids in immune function and inflammation?[J]. Clinical Lipidology and Metabolic Disorders, 2009, 4（3）：355-365.

[115] LÓPEZ-GARCÍA G, CILLA A, BARBERÁ R, et al. Anti-inflammatory and cytoprotective effect of plant sterol and galactooligosaccharides-enriched beverages in caco-2 cells[J]. Journal of Agricultural and Food Chemistry, 2019, 68（7）：1862-1870.

[116] LÓPEZ-GARCÍA G, CILLA A, BARBERÁ R, et al. Effect of a milk-based fruit beverage enriched with plant sterols and/or galactooligosaccharides in a murine chronic colitis model[J]. Foods, 2019, 8（4）：114.

[117] ROS E. Health benefits of nut consumption[J]. Nutrients, 2010, 2（7）：652-682.

[118] KAUR R, MYRIE S B. Association of dietary phytosterols with cardiovascular disease biomarkers in humans[J]. Lipids, 2020, 55（6）：569-584.

[119] EUSSEN S, FEENSTRA T L, TOXOPEUS I B, et al. Health benefits and costs of functional foods with phytosterols/-stanols in addition to statins in the prevention of cardiovascular disease[J]. European Journal of Pharmacology, 2011, 668: e43.

[120] NARAYAN V, THOMPSON E W, DEMISSEI B, et al. Mechanistic biomarkers informative of both cancer and cardiovascular disease:

JACC state-of-the-art review[J]. Journal of the American College of Cardiology, 2020, 75（21）: 2726-2737.

[121] PLAT J, HENDRIKX T, BIEGHS V, et al. Protective role of plant sterol and stanol esters in liver inflammation: insights from mice and humans[J]. PloS One, 2014, 9（10）: e110758.

[122] PLAT J, HENDRIKX T, BIEGHS V, et al. Protective effects of plant sterol and stanol esters in dietinduced non-alcoholic steatohepatitis in hyperlipidemic mice: 703[J]. Hepatology, 2013, 58: 543A-544A.

[123] HE W S, WANG M G, PAN X X, et al. Role of plant stanol derivatives in the modulation of cholesterol metabolism and liver gene expression in mice[J]. Food Chemistry, 2013, 140（1/2）: 9-16.

[124] VEZZA T, CANET F, DE MARANON A M, et al. Phytosterols: nutritional health players in the management of obesity and its related disorders[J]. Antioxidants, 2020, 9（12）: 1266.

[125] MISAWA E, TANAKA M, NOMAGUCHI K, et al. Oral ingestion of Aloe vera phytosterols alters hepatic gene expression profiles and ameliorates obesity-associated metabolic disorders in Zucker diabetic fatty rats[J]. Journal of Agricultural and Food Chemistry, 2012, 60（11）: 2799-2806.

[126] SINGH M, SHARMA P, SINGH P K, et al. Medicinal potential of heterocyclic compounds from diverse natural sources for the management of cancer[J]. Mini Reviews in Medicinal Chemistry, 2020, 20（11）: 942-957.

[127] CIOCCOLONI G, SOTERIOU C, WEBSDALE A, et al. Phytosterols and phytostanols and the hallmarks of cancer: a meta-analysis of pre-clinical animal models[J]. Authorea Preprints, 2020, 4: 2553-2561.

[128] WANG Z, ZHAN Y, XU J, et al. β-sitosterol reverses multidrug resistance via BCRP suppression by inhibiting the p53–MDM2 interaction in colorectal cancer[J]. Journal of Agricultural and Food Chemistry, 2020, 68（12）: 3850–3858.

[129] LISTED N. Food labeling: health claims; plant sterol/stanol esters and coronary heart disease. Food and Drug Administration, HHS. Interim final rule[J]. Federal Register, 2000, 65（175）: 54686–54739.

[130] WANG Y, LIU B, HU Y, et al. Phytosterol intake and risk of coronary artery disease: results from 3 prospective cohort studies[J]. Circulation, 2022, 146（1）: 13262.

[131] EFSA Panel on Dietetic Products, Nutrition and Allergies（NDA）. Scientific Opinion on the substantiation of a health claim related to 3 g/day plant sterols/stanols and lowering blood LDL-cholesterol and reduced risk of（coronary）heart disease pursuant to Article 19 of Regulation（EC）No 1924/2006[J]. EFSA Journal, 2012, 10（5）: 2693.

[132] SHARIQ B, ZULHABRI O, HAMID K, et al. Evaluation of anti-atherosclerotic activity of virgin coconut oil in male wistar rats against high lipid and high carbohydrate diet induced atherosclerosis[J]. Pharmaceutical and Biosciences Journal, 2015, 4: 564–573.

[133] 马立丽，梁惠陶．植物甾醇对高脂膳食喂养大鼠血脂及肝脏脂质的影响[J]. 现代预防医学, 2014, 41（15）: 2727–2728, 2731.

[134] 刘曼，刘颖，王文成，等．植物固醇对酒精性肝损伤大鼠的保护作用以及对肠道菌群的影响研究[J]. 营养学报, 2019, 41（4）: 367–373.

[135] SUZUKI K, TANAKA M, KONNO R, et al. Effects of 5-campestenone

(24-methylcholest-5-en-3-one) on the type 2 diabetes mellitus model animal C57BL/KsJ-db/db mice[J]. Hormone and metabolic research, 2002, 34 (3): 121-126.

[136] KONNO R, KANEKO Y, SUZUKI K, et al. Effect of 5-Campestenone (24-methylcholest-5-en-3-one) on Zucker diabetic fatty rats as a type 2 diabetes mellitus model[J]. Hormone & Metabolic Research, 2005, 37 (2): 79-83.

[137] RAJAVEL T, MOHANKUMAR R, ARCHUNAN G, et al. Beta sitosterol and Daucosterol (phytosterols identified in Grewia tiliaefolia) perturbs cell cycle and induces apoptotic cell death in A549 cells[J]. Scientific Reports, 2017, 7 (1): 3418.

[138] ALVAREZ-SALA A, ATTANZIO A, TESORIERE L, et al. Apoptotic effect of a phytosterol-ingredient and its main phytosterol (β-sitosterol) in human cancer cell lines[J]. International Journal of Food Sciences and Nutrition, 2019, 70 (3): 323-334.

[139] AWAD A B, CHINNAM M, FINK C S, et al. β-Sitosterol activates Fas signaling in human breast cancer cells[J]. Phytomedicine, 2007, 14 (11): 747-754.

[140] HERBST R S, ECKHARDT S G, KURZROCK R, et al. Phase I dose-escalation study of recombinant human Apo2L/TRAIL, a dual proapoptotic receptor agonist, in patients with advanced cancer[J]. Journal of Clinical Oncology, 2010, 28 (17): 2839-2846.

[141] SALEHI B, QUISPE C, SHARIFI-RAD J, et al. Phytosterols: from preclinical evidence to potential clinical applications[J]. Frontiers in Pharmacology, 2021, 11: 599959.

[142] PHILLIPS K M, RUGGIO D M, TOIVO J I, et al. Free and esterified sterol composition of edible oils and fats[J]. Journal of Food

Composition and Analysis, 2002, 15 (2): 123-142.

[143] THOMPSON G R, GRUNDY S M. History and development of plant sterol and stanol esters for cholesterol-lowering purposes[J]. The American Journal of Cardiology, 2005, 96 (1): 3-9.

[144] VUORIO A, KOVANEN P T. Decreasing the cholesterol burden in heterozygous familial hypercholesterolemia children by dietary plant stanol esters[J]. Nutrients, 2018, 10 (12): 1842.

[145] HE W S, JIA C S, YANG Y B, et al. Cholesterol-lowering effects of plant steryl and stanyl laurate by oral administration in mice[J]. Journal of Agricultural and Food Chemistry, 2011, 59 (9): 5093-5099.

[146] MOGHADASIAN M H, TAN Z, LE K, et al. Anti-atherogenic effects of phytosteryl oleates in apo-E deficient mice[J]. Journal of Functional Foods, 2016, 21: 97-103.

[147] BRÜLL F, DE SMET E, MENSINK R P, et al. Dietary plant stanol ester consumption improves immune function in asthma patients: results of a randomized, double-blind clinical trial[J]. The American Journal of Clinical Nutrition, 2016, 103 (2): 444-453.

[148] PLAT J, BAUMGARTNER S, MENSINK R P. Mechanisms underlying the health benefits of plant sterol and stanol ester consumption[J]. Journal of AOAC International, 2015, 98 (3): 697-700.

[149] 郭艳, 郑明明, 李晓钰, 等. α-亚麻酸植物甾醇酯改善非酒精性脂肪性肝病作用[J]. 中国公共卫生, 2021, 37 (3): 512-515.

[150] TORRELO G, TORRES C F, REGLERO G. Enzymatic strategies for solvent-free production of short and medium chain phytosteryl esters[J]. European Journal of Lipid Science and Technology, 2012,

114（6）：670-676.

[151] KLES K A, CHANG E B. Short-chain fatty acids impact on intestinal adaptation, inflammation, carcinoma, and failure[J]. Gastroenterology, 2006, 130（2）：S100-S105.

[152] ROMBEAU J L. Investigations of short-chain fatty acids in humans[J]. Clinical Nutrition Supplements, 2004, 1（2）：19-23.

[153] CORADINI D, BIFFI A, COSTA A, et al. Effect of sodium butyrate on human breast cancer cell lines[J]. Cell Proliferation, 1997, 30（3/4）：149-159.

[154] HODIN R A, MENG S, ARCHER S, et al. Cellular growth state differentially regulates enterocyte gene expression in butyrate-treated HT-29 cells[J]. Cell Growth and Differentiation-Publication American Association for Cancer Research, 1996, 7（5）：647-654.

[155] EGORIN M J, YUAN Z M, SENTZ D L, et al. Plasma pharmacokinetics of butyrate after intravenous administration of sodium butyrate or oral administration of tributyrin or sodium butyrate to mice and rats[J]. Cancer Chemotherapy and Pharmacology, 1999, 43：445-453.

[156] UGAZIO E, MARENGO E, PELLIZZARO C, et al. The effect of formulation and concentration of cholesteryl butyrate solid lipid nanospheres（SLN）on NIH-H460 cell proliferation[J]. European Journal of Pharmaceutics and Biopharmaceutics, 2001, 52（2）：197-202.

[157] HOKANSON J E, AUSTIN M A. Plasma triglyceride level is a risk factor for cardiovascular disease independent of high-density lipoprotein cholesterol level: a metaanalysis of population-based prospective studies[J]. Journal of Cardiovascular Risk, 1996, 3（2）：

213-219.

[158] AMIRI S, REZAZADEH-BARI M, ALIZADEH-KHALEDABAD M, et al. New formulation of vitamin C encapsulation by nanoliposomes: production and evaluation of particle size, stability and control release[J]. Food Science and Biotechnology, 2019, 28: 423-432.

[159] ZHAO L, TEMELLI F, CURTIS J M, et al. Preparation of liposomes using supercritical carbon dioxide technology: Effects of phospholipids and sterols[J]. Food Research International, 2015, 77: 63-72.

[160] 杨贝贝, 曹栋, 耿亚男, 等. 植物甾醇与胆固醇对脂质体膜性质的影响[J]. 食品工业科技, 2013, 34（7）: 77-81, 85.

[161] LEE D U, PARK H W, LEE S C. Comparing the stability of retinol in liposomes with cholesterol, β-sitosterol, and stigmasterol[J]. Food Science and Biotechnology, 2021, 30: 389-394.

[162] TAI K, RAPPOLT M, HE X, et al. Effect of β-sitosterol on the curcumin-loaded liposomes: Vesicle characteristics, physicochemical stability, in vitro release and bioavailability[J]. Food Chemistry, 2019, 293: 92-102.

[163] ALEXANDER M, LOPEZ A A, FANG Y, et al. Incorporation of phytosterols in soy phospholipids nanoliposomes: Encapsulation efficiency and stability[J]. LWT, 2012, 47（2）: 427-436.

[164] WANG F C, ACEVEDO N, MARANGONI A G. Encapsulation of phytosterols and phytosterol esters in liposomes made with soy phospholipids by high pressure homogenization[J]. Food & Function, 2017, 8（11）: 3964-3969.

[165] KAWAKITA A, SHIRASAKI H, YASUTOMI M, et al.

Immunotherapy with oligomannose - coated liposomes ameliorates allergic symptoms in a murine food allergy model[J]. Allergy, 2012, 67(3): 371–379.

[166] HWANG J S, TSAI Y L, HSU K C. The feasibility of antihypertensive oligopeptides encapsulated in liposomes prepared with phytosterols-β-sitosterol or stigmasterol[J]. Food Research International, 2010, 43(1): 133–139.

[167] ZHANG H, RAN X, HU C L, et al. Therapeutic effects of liposome-enveloped Ligusticum chuanxiong essential oil on hypertrophic scars in the rabbit ear model[J]. PLoS One, 2012, 7(2): e31157.

[168] 刘湘新, 何湘蓉, 孙志良, 等. 吡喹酮脂质体在山羊体内的代谢动力学研究[J]. 湖南农业大学学报(自然科学版), 2000, 26(6): 436–438.

[169] 杨静文, 邓英杰, 任雁, 等. 维甲酸脂质体在小鼠体内的药物动力学及组织分布[J]. 沈阳药科大学学报, 2007, 24(12): 731–735.

[170] 李喆, 邓英杰, 杨静文. 辅酶Q10脂质体在小鼠体内药物动力学和组织分布[J]. 中国药剂学杂志(网络版), 2006(4): 167–172.

[171] 李颖, 周婷, 阴龙飞. 白藜芦醇纳米脂质体在大鼠体内的分布及靶向性评价[J]. 中国临床药理学杂志, 2019, 35(23): 3092–3094, 3103.

[172] 李娜, 陈卫, 李红霞. 叶酸偶联纳米紫杉醇脂质体在大鼠体内的药物代谢动力学研究[J]. 中国妇产科临床杂志, 2014, 15(2): 148–152.

[173] 田艳燕, 葛兰, 段相林. 番茄红素脂质体的体外释放及大鼠体内药代动力学和抗氧化功能[J]. 药学学报, 2007, 42(10): 1107–1111.

[174] 刘韬，黄红兵，林子超．紫杉醇脂质体在家兔体内的药动学研究 [J]．现代食品与药品杂志，2007，17（5）：5-7．

[175] 何艳，张辉，胡礼军．芦丁脂质体在家兔体内的药物动力学研究 [J]．湘南学院学报（医学版），2015，17（3）：23-26．

[176] LIU W, YE A, HAN F, et al. Advances and challenges in liposome digestion: Surface interaction, biological fate, and GIT modeling[J]. Advances in Colloid and Interface Science, 2019, 263: 52-67.

[177] MACHADO A R, PINHEIRO A C, VICENTE A A, et al. Liposomes loaded with phenolic extracts of Spirulina LEB-18: Physicochemical characterization and behavior under simulated gastrointestinal conditions[J]. Food Research International, 2019, 120: 656-667.

[178] PENG S, ZOU L, LIU W, et al. Hybrid liposomes composed of amphiphilic chitosan and phospholipid: Preparation, stability and bioavailability as a carrier for curcumin[J]. Carbohydrate Polymers, 2017, 156: 322-332.

[179] DU L, YANG Y H, XU J, et al. Transport and uptake effects of marine complex lipid liposomes in small intestinal epithelial cell models[J]. Food & Function, 2016, 7（4）: 1904-1914.

[180] LI Y, ARRANZ E, GURI A, et al. Mucus interactions with liposomes encapsulating bioactives: Interfacial tensiometry and cellular uptake on Caco-2 and cocultures of Caco-2/HT29-MTX[J]. Food Research International, 2017, 92: 128-137.

[181] LIU X, WANG P, ZOU Y X, et al. Co-encapsulation of Vitamin C and β-Carotene in liposomes: Storage stability, antioxidant activity, and in vitro gastrointestinal digestion[J]. Food Research

International, 2020, 136: 109587.

[182] LIU W, LU J, YE A, et al. Comparative performances of lactoferrin-loaded liposomes under in vitro adult and infant digestion models[J]. Food Chemistry, 2018, 258: 366-373.

[183] ZHANG Y, PU C, TANG W, et al. Gallic acid liposomes decorated with lactoferrin: characterization, in vitro digestion and antibacterial activity[J]. Food Chemistry, 2019, 293: 315-322.

[184] BELTRÁN J D, SANDOVAL-CUELLAR C E, BAUER K, et al. In-vitro digestion of high-oleic palm oil nanoliposomes prepared with unpurified soy lecithin: Physical stability and nano-liposome digestibility[J]. Colloids and Surfaces A: Physicochemical and Engineering Aspects, 2019, 578: 123603.

[185] 王东凯, 王翔春, 张清民, 等. 影响脂质体在体内稳定性的因素[J]. 沈阳药科大学学报, 1992, 9（1）: 75-78.

[186] SENIOR J, GREGORIADIS G. Stability of small unilamellar liposomes in serum and clearance from the circulation: the effect of the phospholipid and cholesterol components[J]. Life Sciences, 1982, 30（24）: 2123-2136.

[187] 吕万良, 齐宪荣, 孙华东, 等. 阿霉素隐形脂质体的研制及其在小鼠体内的组织分布[J]. 中国药学杂志, 1999, 34（5）: 310-312.

[188] VERGARA D, LÓPEZ O, BUSTAMANTE M, et al. An in vitro digestion study of encapsulated lactoferrin in rapeseed phospholipid-based liposomes[J]. Food Chemistry, 2020, 321: 126717.

[189] WU Y, MOU B, SONG S, et al. Curcumin-loaded liposomes prepared from bovine milk and krill phospholipids: Effects of chemical composition on storage stability, in-vitro digestibility and anti-hyperglycemic properties[J]. Food Research International,

2020, 136: 109301.

[190] ZHANG J, HAN J, YE A, et al. Influence of phospholipids structure on the physicochemical properties and in vitro digestibility of lactoferrin-loaded liposomes[J]. Food Biophysics, 2019, 14: 287–299.

[191] CHEN Y, XIA G B, ZHAO Z, et al. 7, 8-Dihydroxyflavone nano-liposomes decorated by crosslinked and glycosylated lactoferrin: Storage stability, antioxidant activity, in vitro release, gastrointestinal digestion and transport in Caco-2 cell monolayers[J]. Journal of Functional Foods, 2020, 65: 103742.

[192] 魏竹君, 于少轩, 杨武, 等. 还原型谷胱甘肽纳米脂质体的修饰及稳定性评价[J]. 食品工业科技, 2020, 41(11): 28–36.

[193] LIU W, KONG Y, YE A, et al. Preparation, formation mechanism and in vitro dynamic digestion behavior of quercetin-loaded liposomes in hydrogels[J]. Food Hydrocolloids, 2020, 104: 105743.

[194] 吕青志, 翟光喜, 王海刚, 等. 包覆脂质体的研究进展[J]. 食品与药品, 2007(2): 45–48.

[195] TAN C, FENG B, ZHANG X, et al. Biopolymer-coated liposomes by electrostatic adsorption of chitosan (chitosomes) as novel delivery systems for carotenoids[J]. Food Hydrocolloids, 2016, 52: 774–784.

[196] SEBAALY C, TRIFAN A, SIENIAWSKA E, et al. Chitosan-coating effect on the characteristics of liposomes: A focus on bioactive compounds and essential oils: a review[J]. Processes, 2021, 9(3): 445.

[197] ZOU X, TU P, LU J, et al. Stability and biological efficacy of peach juice fortified with chitosan-alginate double-layered VC

liposome[J]. Journal of Chinese Institute of Food Science and Technology, 2017, 17（3）: 201-207.

[198] KOJIMA T, KOJIMA S, YOSHIKAWA H, et al. Cosmetic base comprising collagen-modified liposome and skin cosmetic containing the same: U.S. Patent 9, 289, 367[P].2016-03-22.

[199] GHALESHAHI A Z, RAJABZADEH G. The influence of sodium alginate and genipin on physico-chemical properties and stability of WPI coated liposomes[J]. Food Research International, 2020, 130: 108966.

[200] YI X, ZHENG Q, DING B, et al. Liposome-whey protein interactions and its relation to emulsifying properties[J]. LWT, 2019, 99: 505-512.

[201] 邓朗，张玉，张奕聪，等.细胞膜融合的PEG修饰脂质体的制备及其体外性质[J].华西药学杂志，2021，36（6）: 621-624.

[202] 宋丹君，张林，方德宇，等.PEG修饰的葛根素纳米脂质体包封率与体外释放的快速检测[J].实用中医内科杂志，2020，34（8）: 52-55.

[203] 石靖，严文伟，齐宪荣，等.豆甾醇糖苷/聚乙二醇衍生物修饰的阳性脂质体体内分布和肝实质细胞靶向性[J].药学学报，2004（7）: 551-555.

[204] 张婧，骆云霞，廖正根，等.矢车菊素3-葡萄糖苷膜修饰脂质体的制备及其对HLECs保护作用的初步考察[J].中国医药工业杂志，2015，46（11）: 1197-1201.

[205] ZAMANI-GHALESHAHI A, RAJABZADEH G, EZZATPANAH H, et al. Biopolymer coated nanoliposome as enhanced carrier system of perilla oil[J]. Food Biophysics, 2020, 15（3）: 273-287.

[206] KATOUZIAN I, TAHERI R A. Preparation, characterization and

release behavior of chitosan-coated nanoliposomes (chitosomes) containing olive leaf extract optimized by response surface methodology[J]. Journal of Food Science and Technology, 2021, 58 (2): 3430-3443.

[207] KRISHNAMOORTHY G, STEPHEN P, PRABHU M, et al. Collagen coated nanoliposome as a targeted and controlled drug delivery system[C]//AIP Conference Proceedings. College Park: American Institute of Physics, 2010: 163-168.

[208] CHEN T T, CAO G Q, YANG C. Preparation and property of Peg-coated vitamin C-containing Liposome[J]. Soybean Science, 2008, 27: 505-508.

[209] GOMAA A I, MARTINENT C, HAMMAMI R, et al. Dual coating of liposomes as encapsulating matrix of antimicrobial peptides: development and characterization[J]. Frontiers in Chemistry, 2017, 5: 103.

[210] SHISHIR M R I, KARIM N, XIE J, et al. Colonic delivery of pelargonidin-3-O-glucoside using pectin-chitosan-nanoliposome: transport mechanism and bioactivity retention[J]. International Journal of Biological Macromolecules, 2020, 159: 341-355.

[211] FUKUI Y, FUJIMOTO K. The preparation of sugar polymer-coated nanocapsules by the layer-by-layer deposition on the liposome[J]. Langmuir, 2009, 25 (17): 10020-10025.

[212] PANPIPAT W, DONG M, XU X, et al. Thermal properties and nanodispersion behavior of synthesized β-sitosteryl acyl esters: a structure-activity relationship study[J]. Journal of Colloid and Interface Science, 2013, 407: 177-186.

[213] MENG X, PAN Q, YANG T. Synthesis of phytosteryl esters by

using alumina-supported zinc oxide（ZnO/A$_{l2}$O$_3$）from esterification production of phytosterol with fatty acid[J]. Journal of the American Oil Chemists' Society, 2011, 88: 143-149.

[214] YANG F, OYEYINKA S A, MA Y. Novel synthesis of phytosterol ester from soybean sterol and acetic anhydride[J]. Journal of Food Science, 2016, 81（7）: C1629-C1635.

[215] 潘丹杰, 张斌, 蒋晓杰, 等. 新型负载型催化剂在植物甾醇酯合成工艺中的应用[J]. 中国油脂, 2017, 42（3）: 59-63.

[216] 姜兴兴, 陈竞男. 大豆甾醇硬脂酸酯的合成工艺研究[J]. 河南工业大学学报（自然科学版）, 2019, 40（1）: 32-37.

[217] LIU W, XIAO B, WANG X, et al. Solvent-free synthesis of phytosterol linoleic acid esters at low temperature[J]. RSC Advances, 2021, 11（18）: 10738-10746.

[218] VU P L, SHIN J A, LIM C H, et al. Lipase-catalyzed production of phytosteryl esters and their crystallization behavior in corn oil[J]. Food Research International, 2004, 37（2）: 175-180.

[219] KIM B H, AKOH C C. Modeling and optimization of lipase-catalyzed synthesis of phytosteryl esters of oleic acid by response surface methodology[J]. Food Chemistry, 2007, 102（1）: 336-342.

[220] 刘振春, 孙慧娟, 耿存花, 等. 脂肪酶催化共轭亚油酸植物甾醇酯合成工艺的优化[J]. 西北农林科技大学学报（自然科学版）, 2014, 42（6）: 173-179.

[221] CHOI N, CHO H J, KIM H, et al. Preparation of phytosteryl ester and simultaneous enrichment of stearidonic acid via lipase-catalyzed esterification[J]. Process Biochemistry, 2017, 61: 88-94.

[222] 杨叶波, 何文森, 贾承胜, 等. 离子液体催化合成亚油酸植物甾醇酯[J]. 中国油脂, 2011, 36（12）: 28-32.

[223] 杨叶波. 离子液体催化合成植物甾醇酯及其分离工艺研究 [D]. 无锡: 江南大学, 2012.

[224] 霍玉洁. 离子液体催化制备肉桂酸植物甾醇酯 [J]. 粮食与油脂, 2015, 28 (12): 15-18.

[225] PANPIPAT W, XU X, GUO Z. Improved acylation of phytosterols catalyzed by Candida antarctica lipase A with superior catalytic activity[J]. Biochemical Engineering Journal, 2013, 70: 55-62.

[226] 姜媛媛, 董晓丽, 吴文忠. 植物甾醇酯的制取与分析 [J]. 大连工业大学学报, 2010, 29 (1): 8-10.

[227] 董涛, 贾承胜, 张晓鸣. SDS 催化合成植物甾醇月桂酸酯的研究 [J]. 食品与机械, 2008 (3): 44-47.

[228] 陈茂彬. 植物甾醇酯的制备、生物活性及应用研究 [D]. 武汉: 华中农业大学, 2005.

[229] 陈茂彬, 黄琴. 植物甾醇烟酸酯研究与开发 [J]. 粮食与油脂, 2004 (12): 7-9.

[230] 陈茂彬, 黄琴, 吴谋成. 植物甾醇油酸酯产品的合成工艺研究 [J]. 中国油脂, 2005 (6): 63-65.

[231] 郭涛, 姜元荣, 王勇, 等. 植物甾醇酯制备方法的研究 [J]. 中国油脂, 2011, 36 (1): 53-56.

[232] 王勇, 姜元荣, 郭涛, 等. 甾醇酯化反应中催化剂的研究 [J]. 粮油加工, 2010 (7): 30-32.

[233] 张泰然, 丁仕强, 朱波. 气质联用法分析植物甾醇酯 [J]. 广东化工, 2012, 39 (4): 140, 130.

[234] KOBAYASHI T, OGINO A, MIYAKE Y, et al. Lipase-catalyzed esterification of triterpene alcohols and phytosterols with oleic acid[J]. Journal of the American Oil Chemists' Society, 2014, 91: 1885-1890.

[235] 艾丽艳，许嘉，罗凤基，等. 植物甾醇酯降胆固醇作用的人体干预实验研究 [J]. 首都公共卫生，2012，6（1）：18-20.

[236] 刘海军. 植物甾醇降低胆固醇功能的研究进展以及对动物生产性能影响的研究初探 [J]. 文渊（中学版），2020（6）：516.

[237] LUO M，ZHANG R，LIU L，et al. Preparation, stability and antioxidant capacity of nano liposomes loaded with procyandins from lychee pericarp[J]. Journal of Food Engineering，2020，284：110065.

[238] FATHI M，VARSHOSAZ J，MOHEBBI M，et al. Hesperetin-loaded solid lipid nanoparticles and nanostructure lipid carriers for food fortification: preparation, characterization, and modeling[J]. Food and Bioprocess Technology，2013，6：1464-1475.

[239] 王俊芝. 胆固醇对脂质体双分子层膜结构、性质及功能的影响 [D]. 上海：华东理工大学，2011.

[240] 赵航. 植物甾醇代替胆固醇对脂质体稳定性的研究 [D]. 郑州：河南工业大学，2016.

[241] SALMON A，HAMILTON J A. Magic-angle spinning and solution 13C nuclear magnetic resonance studies of medium-and long-chain cholesteryl esters in model bilayers[J]. Biochemistry，1995，34（49）：16065-16073.

[242] RUOZI B，TOSI G，LEO E，et al. Application of atomic force microscopy to characterize liposomes as drug and gene carriers[J]. Talanta，2007，73（1）：12-22.

[243] MÜLLER R H，MÄDER K，GOHLA S. Solid lipid nanoparticles （SLN） for controlled drug delivery: a review of the state of the art[J]. European Journal of Pharmaceutics and Biopharmaceutics，2000，50（1）：161-177.

[244] FAN M, XU S, XIA S, et al. Preparation of salidroside nano-liposomes by ethanol injection method and in vitro release study[J]. European Food Research and Technology, 2008, 227: 167-174.

[245] PRESTIDGE C A, SIMOVIC S, ESKANDAR N G. Drug release from nanoparticle-coated capsules: US-20110229559-A1[P]. 2011-09-22.

[246] CHANG W J, ROTHBERG K G, KAMEN B A, et al. Lowering the cholesterol content of MA104 cells inhibits receptor-mediated transport of folate[J]. The Journal of Cell Biology, 1992, 118(1): 63-69.

[247] CLARKE J A, HERON A J, SEDDON J M, et al. The diversity of the liquid ordered (Lo) phase of phosphatidylcholine/cholesterol membranes: a variable temperature multinuclear solid-state NMR and x-ray diffraction study[J]. Biophysical Journal, 2006, 90(7): 2383-2393.

[248] ASAKAWA H, FUKUMA T. The molecular-scale arrangement and mechanical strength of phospholipid/cholesterol mixed bilayers investigated by frequency modulation atomic force microscopy in liquid[J]. Nanotechnology, 2009, 20(26): 264008.

[249] SMITH E A, WANG W, DEA P K. Effects of cholesterol on phospholipid membranes: Inhibition of the interdigitated gel phase of F-DPPC and F-DPPC/DPPC[J]. Chemistry and Physics of Lipids, 2012, 165(2): 151-159.

[250] KADDAH S, KHREICH N, KADDAH F, et al. Cholesterol modulates the liposome membrane fluidity and permeability for a hydrophilic molecule[J]. Food and Chemical Toxicology, 2018, 113: 40-48.

[251] CHAN Y H, CHEN B H, CHIU C P, et al. The influence of phytosterols on the encapsulation efficiency of cholesterol liposomes[J]. International Journal of Food Science & Technology, 2004, 39（9）: 985-995.

[252] SCHULER I, MILON A, NAKATANI Y, et al. Differential effects of plant sterols on water permeability and on acyl chain ordering of soybean phosphatidylcholine bilayers[J]. Proceedings of the National Academy of Sciences, 1991, 88（16）: 6926-6930.

[253] BERNSDORFF C, WINTER R. Differential properties of the sterols cholesterol, ergosterol, β-sitosterol, trans-7-dehydrocholesterol, stigmasterol and lanosterol on DPPC bilayer order [J]. The Journal of Physicle Chemistry B, 2003, 107（38）: 10658-10664.

[254] PRUCHNIK H, BONARSKA-KUJAWA D, ŻYŁKA R, et al. Application of the DSC and spectroscopy methods in the analysis of the protective effect of extracts from the blueberry fruit of the genus Vaccinium in relation to the lipid membrane[J]. Journal of Thermal Analysis and Calorimetry, 2018, 134: 679-689.

[255] RAHAMATHULLA M, HV G, VEERAPU G, et al. Characterization, optimization, in vitro and in vivo evaluation of simvastatin proliposomes, as a drug delivery[J]. AAPS PharmSciTech, 2020, 21: 1-15.

[256] RAHAMATHULLA M, HV G, VEERAPU G, et al. Characterization, optimization, in vitro and in vivo evaluation of simvastatin proliposomes, as a drug delivery[J]. AAPS PharmSciTech, 2020, 21: 1-15.

[257] CHAHAR F C, DÍAZ S B, ALTABEF A B, et al. Characterization of interactions of eggPC lipid structures with different biomolecules[J].

Chemistry and Physics of Lipids, 2018, 210: 60-69.

[258] CHEN L, LIANG R, WANG Y, et al. Characterizations on the stability and release properties of β-ionone loaded thermosensitive liposomes (TSLs) [J]. Journal of Agricultural and Food Chemistry, 2018, 66 (31): 8336-8345.

[259] DEO T, CHENG Q, PAUL S, et al. Application of DNP-enhanced solid-state NMR to studies of amyloid-β peptide interaction with lipid membranes[J]. Chemistry and Physics of Lipids, 2021, 236: 105071.

[260] LAM D, ZHUANG J, COHEN L S, et al. Effects of chelator lipids, paramagnetic metal ions and trehalose on liposomes by solid-state NMR[J]. Solid State Nuclear Magnetic Resonance, 2018, 94: 1-6.

[261] VU H T H, HOOK S M, SIQUEIRA S D, et al. Are phytosomes a superior nanodelivery system for the antioxidant rutin?[J]. International Journal of Pharmaceutics, 2018, 548 (1): 82-91.

[262] GHARIB R, AUEZOVA L, CHARCOSSET C, et al. Effect of a series of essential oil molecules on DPPC membrane fluidity: A biophysical study[J]. Journal of the Iranian Chemical Society, 2018, 15: 75-84.

[263] EZER N, SAHIN I, KAZANCI N. Alliin interacts with DMPC model membranes to modify the membrane dynamics: FTIR and DSC Studies[J]. Vibrational Spectroscopy, 2017, 89: 1-8.

[264] STRUGAŁA P, TRONINA T, HUSZCZA E, et al. Bioactivity in vitro of quercetin glycoside obtained in Beauveria bassiana culture and its interaction with liposome membranes[J]. Molecules, 2017, 22 (9): 1520.

[265] RUCINS M, DIMITRIJEVS P, PAJUSTE K, et al. Contribution of molecular structure to self-assembling and biological properties of bifunctional lipid-like 4-（N-alkylpyridinium）-1, 4-dihydropyridines[J]. Pharmaceutics, 2019, 11（3）: 115.

[266] CALORI I R, CAETANO W, TEDESCO A C, et al. Determination of critical micelle temperature of Pluronic® in Pluronic_gel phase liposome mixtures using steady-state anisotropy[J]. Journal of Molecular Liquids, 2020, 304: 112784.

[267] GRAMMENOS A, BAHRI M A, GUELLUY P H, et al. Quantification of Randomly-methylated-β-cyclodextrin effect on liposome: An ESR study[J]. Biochemical and Biophysical Research Communications, 2009, 390（1）: 5-9.

[268] MAN D, PISAREK I, BRACZKOWSKI M, et al. The impact of humic and fulvic acids on the dynamic properties of liposome membranes: the ESR method[J]. Journal of Liposome Research, 2014, 24（2）: 106-112.

[269] ROSSI S, SCHINAZI R F, MARTINI G. ESR as a valuable tool for the investigation of the dynamics of EPC and EPC/cholesterol liposomes containing a carboranyl-nucleoside intended for BNCT[J]. Biochimica et Biophysica Acta（BBA）-Biomembranes, 2005, 1712（1）: 81-91.

[270] SHEN S, YANG L, LU Y, et al. A New Route to Liposil Formation by an Interfacial Sol-Gel Process Confined by Lipid Bilayer[J]. ACS Applied Materials & Interfaces, 2015, 7（45）: 25039-25044.

[271] CHAVES M A, PINHO S C. Curcumin-loaded proliposomes produced by the coating of micronized sucrose: Influence of the type of phospholipid on the physicochemical characteristics of powders and on the liposomes obtained by hydration[J]. Food Chemistry, 2019,

291: 7-15.

[272] ZHANG Y, PU C, TANG W, et al. Effects of four polyphenols loading on the attributes of lipid bilayers[J]. Journal of Food Engineering, 2020, 282: 110008.

[273] CHEN Y, YI X, PAN M H, et al. The interaction mechanism between liposome and whey protein: Effect of liposomal vesicles concentration[J]. Journal of Food Science, 2021, 86(6): 2491-2498.

[274] TOYRAN N, SEVERCAN F. Competitive effect of vitamin D2 and Ca2+ on phospholipid model membranes: an FTIR study[J]. Chemistry and Physics of Lipids, 2003, 123(2): 165-176.

[275] SEVERCAN F, KAZANCI N, BAYKAL Ü, et al. IR and turbidity studies of vitamin E-cholesterol-phospholipid membrane interactions[J]. Bioscience Reports, 1995, 15(4): 221-229.

[276] VALIC M I, GORRISSEN H, CUSHLEY R J, et al. Deuterium magnetic resonance study of cholesteryl esters in membranes[J]. Biochemistry, 1979, 18(5): 854-859.

[277] SALMON A, HAMILTON J A. Magic-angle spinning and solution 13C nuclear magnetic resonance studies of medium-and long-chain cholesteryl esters in model bilayers[J]. Biochemistry, 1995, 34(49): 16065-16073.

[278] GHARIB R, AUEZOVA L, CHARCOSSET C, et al. Effect of a series of essential oil molecules on DPPC membrane fluidity: A biophysical study[J]. Journal of the Iranian Chemical Society, 2018, 15: 75-84.

[279] PU C, TANG W, LI X, et al. Stability enhancement efficiency of surface decoration on curcumin-loaded liposomes: Comparison

of guar gum and its cationic counterpart[J]. Food Hydrocolloids, 2019, 87: 29-37.

[280] NOOTHALAPATI H, IWASAKI K, YOSHIMOTO C, et al. Imaging phospholipid conformational disorder and packing in giant multilamellar liposome by confocal Raman microspectroscopy[J]. Spectrochimica Acta Part A Molecular & Biomolecular Spectroscopy, 2017, 187: 186-190.

[281] LIPPERT J L, PETICOLAS W L. Laser Raman investigation of the effect of cholesterol on conformational changes in dipalmitoyl lecithin multilayers[J]. Proceedings of the National Academy of Sciences, 1971, 68（7）: 1572-1576.

[282] GABER B P, PETICOLAS W L. On the quantitative interpretation of biomembrane structure by Raman spectroscopy[J]. Biochimica et Biophysica Acta （BBA）-Biomembranes, 1977, 465（2）: 260-274.

[283] LEVIN I W, BUSH S F. Evidence for acyl chain trans/gauche isomerization during the thermal pretransition of dipalmitoyl phosphatidylcholine bilayer dispersions[J]. Biochimica et Biophysica Acta （BBA）-Biomembranes, 1981, 640（3）: 760-766.

[284] AKUTSU H. Direct determination by Raman scattering of the conformation of the choline group in phospholipid bilayers[J]. Biochemistry, 1981, 20（26）: 7359-7366.

[285] ABBOUD R, CHARCOSSET C, GREIGE-GERGES H. Tetra-and penta-cyclic triterpenes interaction with lipid bilayer membrane: a structural comparative study[J]. The Journal of Membrane Biology, 2016, 249: 327-338.

[286] TALADRID D, MARÍN D, ALEMÁN A, et al. Effect of chemical composition and sonication procedure on properties of food-grade

soy lecithin liposomes with added glycerol[J]. Food Research International, 2017, 100: 541-550.

[287] MARÍN D, ALEMÁN A, MONTERO P, et al. Encapsulation of food waste compounds in soy phosphatidylcholine liposomes: Effect of freeze-drying, storage stability and functional aptitude[J]. Journal of Food Engineering, 2018, 223: 132-143.

[288] WU J, NIU Y, JIAO Y, et al. Fungal chitosan from Agaricus bisporus (Lange) Sing. Chaidam increased the stability and antioxidant activity of liposomes modified with biosurfactants and loading betulinic acid[J]. International Journal of Biological Macromolecules, 2019, 123: 291-299.

[289] REDONDO-MORATA L, GIANNOTTI M I, SANZ F. Influence of cholesterol on the phase transition of lipid bilayers: a temperature-controlled force spectroscopy study[J]. Langmuir, 2012, 28(35): 12851-12860.

[290] MALCOLMSON R J, HIGINBOTHAM J, BESWICK P H, et al. DSC of DMPC liposomes containing low concentrations of cholesteryl esters or cholesterol[J]. Journal of Membrane Science, 1997, 123(2): 243-253.

[291] CRISTANI M, D'ARRIGO M, MANDALARI G, et al. Interaction of four monoterpenes contained in essential oils with model membranes: implications for their antibacterial activity[J]. Journal of Agricultural and Food Chemistry, 2007, 55(15): 6300-6308.

[292] XU S, AN X. Preparation, microstructure and function for injectable liposome-hydrogels[J]. Colloids and Surfaces A: Physicochemical and Engineering Aspects, 2019, 560: 20-25.

[293] ZHANG Y, PU C, TANG W, et al. Effects of four polyphenols

loading on the attributes of lipid bilayers[J]. Journal of Food Engineering, 2020, 282: 110008.

[294] HUANG J, WANG Q, CHU L, et al. Liposome-chitosan hydrogel bead delivery system for the encapsulation of linseed oil and quercetin: Preparation and in vitro characterization studies[J]. Lwt, 2020, 117: 108615.

[295] NKANGA C I, KRAUSE R W M. Conjugation of isoniazid to a zinc phthalocyanine via hydrazone linkage for pH-dependent liposomal controlled release[J]. Applied Nanoscience, 2018, 8(6): 1313-1323.

[296] OKAFOR N I, NKANGA C I, WALKER R B, et al. Encapsulation and physicochemical evaluation of efavirenz in liposomes [J]. Journal of Pharmaceutical Investigation, 2019, 50(2): 201-208.

[297] OTA A, ŠENTJURC M, BELE M, et al. Impact of Carrier Systems on the Interactions of Coenzyme Q10 with Model Lipid Membranes[J]. Food Biophysics, 2016, 11: 60-70.

[298] SALOMON M, BUCHHOLZ F. Effects of temperature on the respiration rates and the kinetics of citrate synthase in two species of Idotea (Isopoda, Crustacea) [J]. Comparative Biochemistry and Physiology Part B: Biochemistry and Molecular Biology, 2000, 125(1): 71-81.

[299] MOHAMMADI-BARDBORI A, NAJIBI A, AMIRZADEGAN N, et al. Coenzyme Q10 remarkably improves the bio-energetic function of rat liver mitochondria treated with statins[J]. European Journal of Pharmacology, 2015, 762: 270-274.

[300] BHAGAVAN H N, CHOPRA R K. Plasma coenzyme Q10 response to oral ingestion of coenzyme Q10 formulations[J]. Mitochondrion,

2007, 7: S78-S88.

[301] BHAGAVAN H N, CHOPRA R K. Plasma coenzyme Q10 response to oral ingestion of coenzyme Q10 formulations[J]. Mitochondrion, 2007, 7: S78-S88.

[302] LIU Z X, ARTMANN C. RELATIVE Bioavailability comparison of different coenzyme Q10 formulations with a novel delivery system[J]. Alternative Therapies in Health & Medicine, 2009, 15(2): 42-46.

[303] BULE M V, SINGHAL R S, KENNEDY J F. Microencapsulation of ubiquinone-10 in carbohydrate matrices for improved stability[J]. Carbohydrate Polymers, 2010, 82(4): 1290-1296.

[304] SIEKMANN B, WESTESEN K. Preparation and physicochemical characterization of aqueous dispersions of coenzyme Q 10 nanoparticles[J]. Pharmaceutical Research, 1995, 12: 201-208.

[305] HSU C H, CUI Z, MUMPER R J, et al. Preparation and characterization of novel coenzyme Q 10 nanoparticles engineered from microemulsion precursors[J]. AAPS PharmSciTech, 2003, 4: 24-35.

[306] KOMMURU T R, GURLEY B, KHAN M A, et al. Self-emulsifying drug delivery systems (SEDDS) of coenzyme Q10: formulation development and bioavailability assessment[J]. International Journal of Pharmaceutics, 2001, 212(2): 233-246.

[307] LI H, CHEN F. Preparation and quality evaluation of coenzyme Q10 long-circulating liposomes[J]. Saudi Journal of Biological Sciences, 2017, 24(4): 797-802.

[308] CHOI C H, KIM S H, SHANMUGAM S, et al. Relative bioavailability of coenzyme Q10 in emulsion and liposome

formulations[J]. Biomolecules & Therapeutics, 2010, 18（1）: 99-105.

[309] TAN C, XUE J, LOU X, et al. Liposomes as delivery systems for carotenoids: Comparative studies of loading ability, storage stability and in vitro release[J]. Food & Function, 2014, 5（6）: 1232-1240.

[310] 姚新武, 刘长霞, 张鹏. 响应面法优化龙胆苦苷脂质体的复乳法制备工艺[J]. 北京化工大学学报（自然科学版）, 2012, 39（2）: 68-73.

[311] LUO M, ZHANG R, LIU L, et al. Preparation, stability and antioxidant capacity of nano liposomes loaded with procyandins from lychee pericarp[J]. Journal of Food Engineering, 2020, 284: 110065.

[312] XIA S, XU S, ZHANG X, et al. Effect of coenzyme Q10 incorporation on the characteristics of nanoliposomes[J]. The Journal of Physical Chemistry B, 2007, 111（9）: 2200-2207.

[313] TAI K, RAPPOLT M, MAO L, et al. The stabilization and release performances of curcumin-loaded liposomes coated by high and low molecular weight chitosan[J]. Food Hydrocolloids, 2020, 99: 105355.

[314] KRONBERG B, DAHLMAN A, CARLFORS J, et al. Preparation and evaluation of sterically stabilized liposomes: colloidal stability, serum stability, macrophage uptake, and toxicity[J]. Journal of Pharmaceutical Sciences, 1990, 79（8）: 667-671.

[315] SOUTO E B, SEVERINO P, BASSO R, et al. Encapsulation of antioxidants in gastrointestinal-resistant nanoparticulate carriers[J]. Methods in Molecular Biology, 2013, 1028: 37-46.

[316] 李喆，邓英杰，杨静文，等. 辅酶Q10脂质体在小鼠体内药物动力学和组织分布 [J]. 中国药剂学杂志（网络版），2006，4（4）：167-172.

[317] 程晓波，邹佳，王春玲，等. 不同粒径辅酶Q10乳剂和脂质体小鼠药物动力学和组织分布 [J]. 沈阳药科大学学报，2013，30（8）：632-640.

[318] BALAKRISHNAN P, LEE B J, OH D H, et al. Enhanced oral bioavailability of Coenzyme Q10 by self-emulsifying drug delivery systems[J]. International Journal of Pharmaceutics, 2009, 374(1/2): 66-72.

[319] ZHOU H, ZHANG J, LONG Y, et al. Improvement of the oral bioavailability of coenzyme Q10 with lecithin nanocapsules[J]. Journal of Nanoscience and Nanotechnology, 2013, 13（1）: 706-710.

[320] MENG X, ZU Y, ZHAO X, et al. Characterization and pharmacokinetics of coenzyme Q10 nanoparticles prepared by a rapid expansion of supercritical solution process[J]. Die Pharmazie-An International Journal of Pharmaceutical Sciences, 2012, 67（2）: 161-167.

[321] 夏书芹，许时婴. 不同的壁材对辅酶Q10纳米脂质它包埋效果的影响 [J]. 食品科学，2006，27（7）：149-154.

[322] LI M, DU C, GUO N, et al. Composition design and medical application of liposomes[J]. European Journal of Medicinal Chemistry, 2019, 164: 640-653.

[323] GRIT M, CROMMELIN D J A. Chemical stability of liposomes: implications for their physical stability[J]. Chemistry and Physics of Lipids, 1993, 64（1/3）: 3-18.

[324] HE H, LU Y, QI J. Adapting liposomes for oral drug delivery[J]. Acta Pharmaceutica Sinica B, 2019, 9(1): 36-48.

[325] PAN L, LI H, HOU L, et al. Gastrointestinal digestive fate of whey protein isolate coated liposomes loading astaxanthin: Lipolysis, release, and bioaccessibility[J]. Food Bioscience, 2022, 45: 101464.

[326] CADDEO C, GABRIELE M, FERNÀNDEZ-BUSQUETS X, et al. Antioxidant activity of quercetin in Eudragit-coated liposomes for intestinal delivery[J]. International Journal of Pharmaceutics, 2019, 565: 64-69.

[327] LAVANYA N, MUZIB Y I, AUKUNURU J, et al. Preparation and evaluation of a novel oral delivery system for low molecular weight heparin[J]. International Journal of Pharmaceutical Investigation, 2016, 6(3): 148.

[328] GOTTESMANN M, GOYCOOLEA F M, STEINBACHRE T, et al. Smart drug delivery against Helicobacter pylori: pectin-coated, mucoadhesive liposomes with antiadhesive activity and antibiotic cargo[J]. Applied Microbiology and Biotechnology, 2020, 104: 5943-5957.

[329] TRAN T T T, TRAN V H, LAM T T. Encapsulation of tagitinin C in liposomes coated by Tithonia diversifolia pectin[J]. Journal of Microencapsulation, 2019, 36(1): 53-61.

[330] DE LEO V, DI GIOIA S, MILANO F, et al. Eudragit S100 entrapped liposome for curcumin delivery: Anti-oxidative effect in Caco-2 cells[J]. Coatings, 2020, 10(2): 114.

[331] LIU W, YE A, LIU C, et al. Structure and integrity of liposomes prepared from milk-or soybean-derived phospholipids during in vitro

digestion[J]. Food Research International, 2012, 48 (2): 499-506.

[332] LIU W, WEI F, YE A, et al. Kinetic stability and membrane structure of liposomes during in vitro infant intestinal digestion: Effect of cholesterol and lactoferrin[J]. Food Chemistry, 2017, 230: 6-13.

[333] MOHANRAJ V J, BARNES T J, PRESTIDGE C A. Silica nanoparticle coated liposomes: a new type of hybrid nanocapsule for proteins[J]. International Journal of Pharmaceutics, 2010, 392(1/2): 285-293.

[334] LIU W, LIU J, LIU W, et al. Improved physical and in vitro digestion stability of a polyelectrolyte delivery system based on layer-by-layer self-assembly alginate-chitosan-coated nanoliposomes[J]. Journal of Agricultural and Food Chemistry, 2013, 61 (17): 4133-4144.

[335] ANITHA A, DEEPAGAN V G, RANI V V D, et al. Preparation, characterization, in vitro drug release and biological studies of curcumin loaded dextran sulphate-chitosan nanoparticles[J]. Carbohydrate Polymers, 2011, 84 (3): 1158-1164.

[336] ZOU L, PENG S, LIU W, et al. A novel delivery system dextran sulfate coated amphiphilic chitosan derivatives-based nanoliposome: capacity to improve in vitro digestion stability of (−)-epigallocatechin gallate[J]. Food Research International, 2015, 69: 114-120.

[337] FRENZEL M, KROLAK E, WAGNER A E, et al. Physicochemical properties of WPI coated liposomes serving as stable transporters in a real food matrix[J]. LWT-Food Science and Technology, 2015, 63(1): 527-534.

[338] LI Z, PENG S, CHEN X, et al. Pluronics modified liposomes for curcumin encapsulation: Sustained release, stability and bioaccessibility[J]. Food Research International, 2018, 108: 246–253.

[339] 谭晨. 类胡萝卜素脂质体的研究[D]. 无锡: 江南大学, 2015.

[340] LIU W, YE A, LIU W, et al. Stability during in vitro digestion of lactoferrin-loaded liposomes prepared from milk fat globule membrane-derived phospholipids[J]. Journal of Dairy Science, 2013, 96(4): 2061–2070.

[341] ANDRIEUX K, FORTE L, LESIEUR S, et al. Solubilisation of dipalmitoylphosphatidylcholine bilayers by sodium taurocholate: a model to study the stability of liposomes in the gastrointestinal tract and their mechanism of interaction with a model bile salt[J]. European Journal of Pharmaceutics and Biopharmaceutics, 2009, 71(2): 346–355.

[342] FERNÁNDEZ-GARCÍA E, CARVAJAL-LÉRIDA I, PÉREZ-GÁLVEZ A. In vitro bioaccessibility assessment as a prediction tool of nutritional efficiency[J]. Nutrition Research, 2009, 29(11): 751–760.

[343] CHITINDINGU K, BENHURA M A N, MUCHUWETI M. In vitro bioaccessibility assessment of phenolic compounds from selected cereal grains: A prediction tool of nutritional efficiency[J]. LWT-Food Science and Technology, 2015, 63(1): 575–581.

[344] MCCLEMENTS D J. Nanoscale nutrient delivery systems for food applications: improving bioactive dispersibility, stability, and bioavailability[J]. Journal of Food Science, 2015, 80(7): N1602–N1611.

[345] TAN C, SELIG M J, LEE M C, et al. Polyelectrolyte microcapsules built on CaCO3 scaffolds for the integration, encapsulation, and controlled release of copigmented anthocyanins[J]. Food Chemistry, 2018, 246: 305-312.

[346] HAIDAR Z S, HAMDY R C, TABRIZIAN M. Protein release kinetics for core-shell hybrid nanoparticles based on the layer-by-layer assembly of alginate and chitosan on liposomes[J]. Biomaterials, 2008, 29(9): 1207-1215.

[347] MEHTA R, CHAWLA A, SHARMA P, et al. Formulation and in vitro evaluation of Eudragit S-100 coated naproxen matrix tablets for colon-targeted drug delivery system[J]. Journal of Advanced Pharmaceutical Technology & Research, 2013, 4(1): 31-41.

附　录

本部分主要介绍几种植物甾醇酯的内容。

1. 植物甾醇乙酸酯

植物甾醇辛酸酯的 ^{1}H NMR 图谱和 ^{13}C NMR 图谱如图附录 –1 和图附录 –2 所示。

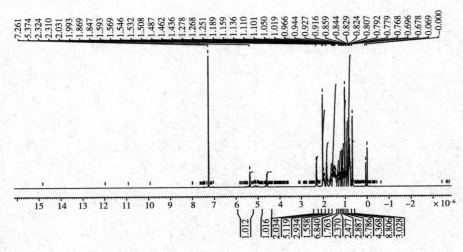

图附录 –1　植物甾醇丁酸酯的 ^{1}H NMR 图谱

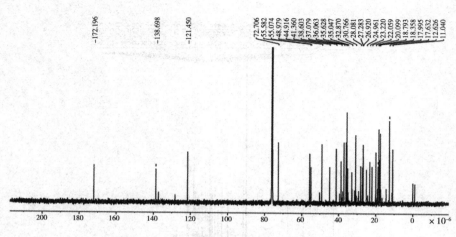

图附录 –2 植物甾醇丁酸酯的 ^{13}C NMR 图谱

2. 植物甾醇丁酸酯

植物甾醇辛酸酯的 ^{1}H NMR 图谱和 ^{13}C NMR 图谱分别如图附录 –3 和图附录 –4 所示，红外图谱和气相图谱分别如图附录 –5 和图附录 –6 所示。

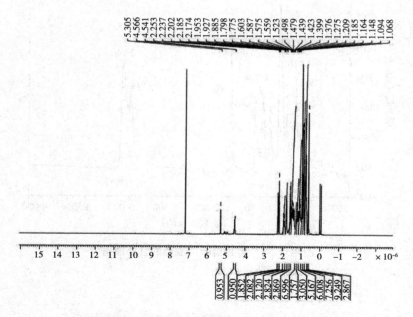

图附录 –3 植物甾醇丁酸酯的 ^{1}H NMR 图谱

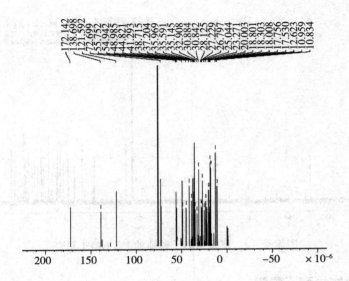

图附录 -4　植物甾醇丁酸酯的 ^{13}C NMR 图谱

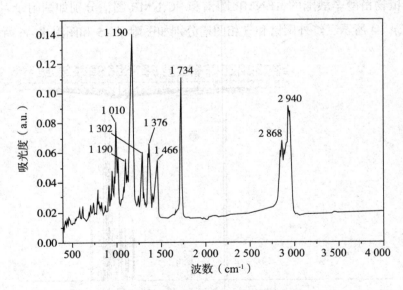

图附录 -5　植物甾醇丁酸酯的红外图谱

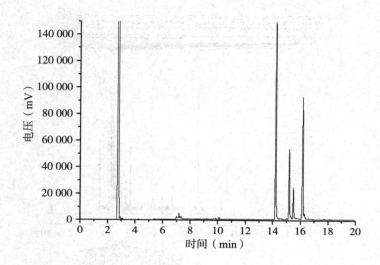

图附录-6 植物甾醇丁酸酯的气相图谱

3. 植物甾醇己酸酯

植物甾醇己酸酯的 ^{1}H NMR 图谱和 ^{13}C NMR 图谱分别如图附录-7 和图附录-8 所示,红外图谱和气相图谱分别如图附录-9 和图附录-10 所示。

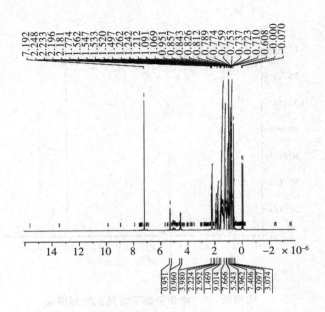

图附录 -7　植物甾醇己酸酯的 ^{1}H NMR 图谱

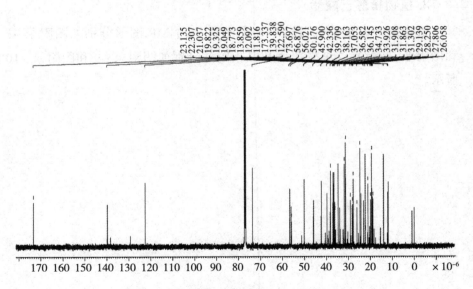

图附录 -8　植物甾醇己酸酯的 ^{13}C NMR 图谱

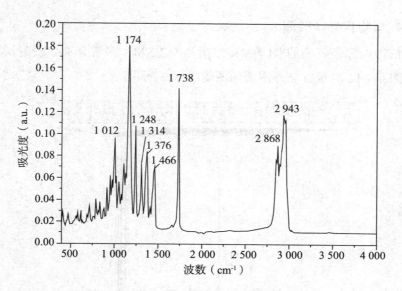

图附录 -9　植物甾醇己酸酯的红外图谱

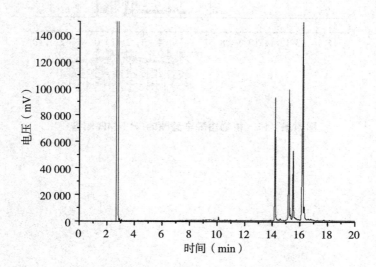

图附录 -10　植物甾醇己酸酯的气相图谱

4. 植物甾醇辛酸酯

植物甾醇辛酸酯的 ^{1}H NMR 图谱和 ^{13}C NMR 图谱分别如图附录–11 和图附录–12 所示，红外图谱如图附录–13 所示。

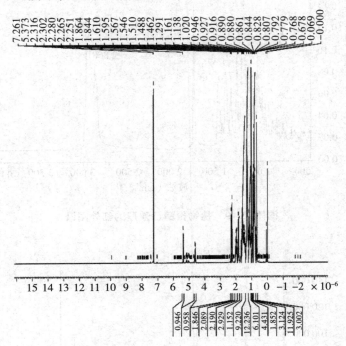

图附录–11　植物甾醇辛酸酯的 ^{1}H NMR 图谱

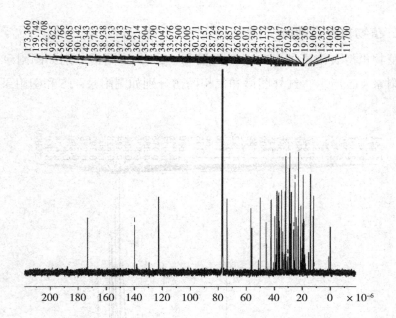

图附录 –12 植物甾醇辛酸酯的 ^{13}C NMR 图谱

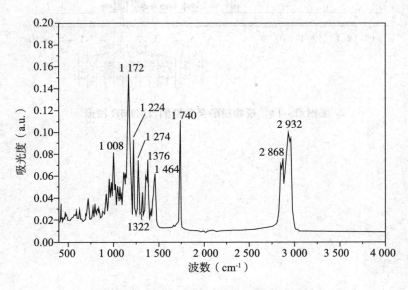

图附录 –13 植物甾醇辛酸酯的红外图谱

5. 植物甾醇癸酸酯

植物甾醇癸酸酯的 ^{1}H NMR 图谱和 ^{13}C NMR 图谱分别如图附录–14 和图附录–15 所示，红外图谱和气相图谱分别如图附录–16 和图附录–17 所示。

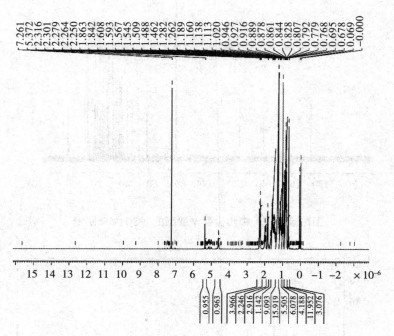

图附录–14　植物甾醇癸酸酯的 ^{1}H NMR 图谱

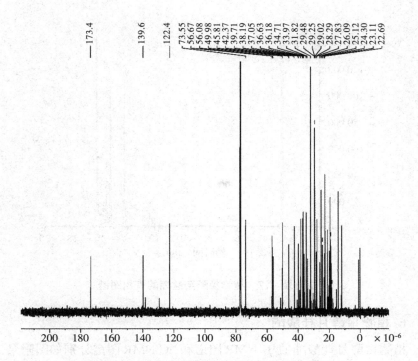

图附录 –15 植物甾醇癸酸酯的 ^{13}C NMR 图谱

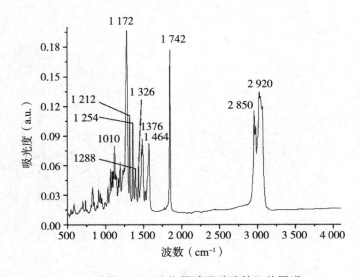

图附录 –16 植物甾醇癸酸酯的红外图谱

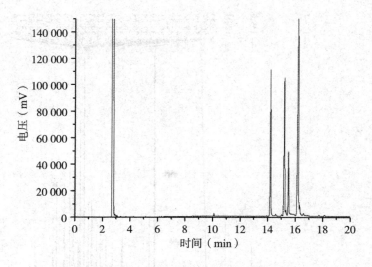

图附录 –17　植物甾醇癸酸酯的气相图谱

6. 植物甾醇月桂酸酯

植物甾醇月桂酸酯的 ^{1}H NMR 图谱和 ^{13}C NMR 图谱分别如图附录–18 和图附录–19 所示，红外图谱和气相图谱分别如图附录–20 和图附录–21 所示。

附 录

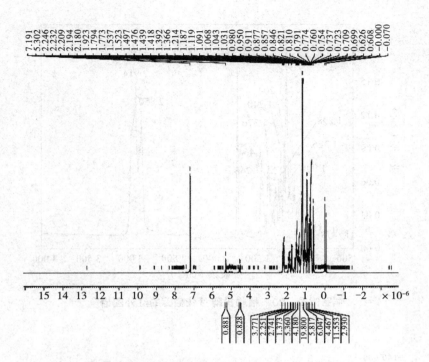

图附录 –18 植物甾醇月桂酸酯的 ¹H NMR 图谱

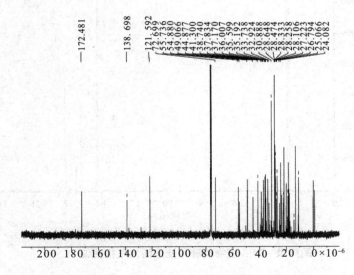

图附录 –19 植物甾醇月桂酸酯的 ¹³C NMR 图谱

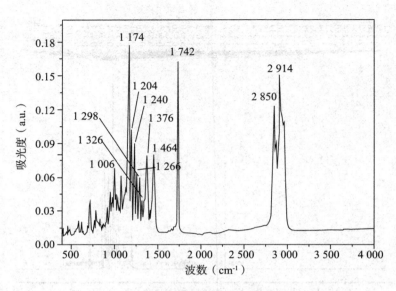

图附录-20 植物甾醇月桂酸酯的红外图谱

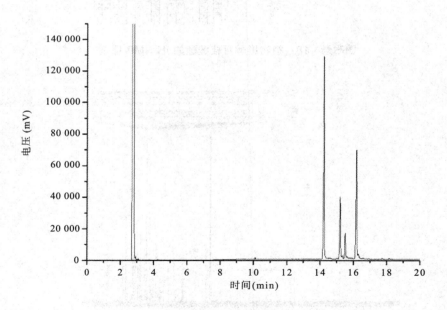

图附录-21 植物甾醇月桂酸酯的气相图谱

7. 植物甾醇肉豆蔻酸酯

植物甾醇肉豆蔻酸酯的 ¹H NMR 图谱和 ¹³C NMR 图谱分别如图附录 –22 和图附录 –23 所示，红外图谱和气相图谱分别如图附录 –24 和图附录 –25 所示。

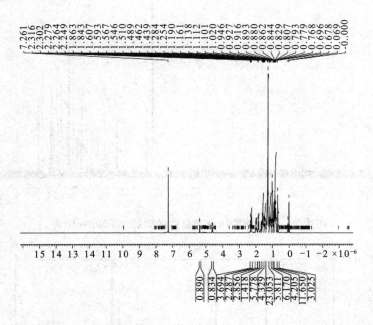

图附录 –22　植物甾醇肉豆蔻酸酯的 ¹H NMR 图谱

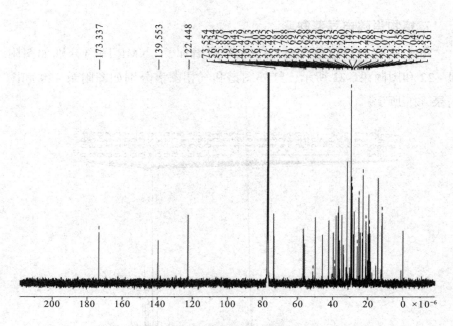

图附录 -23　植物甾醇肉豆蔻酸酯的 ^{13}C NMR 图谱

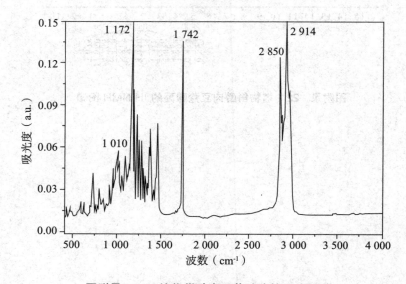

图附录 -24　植物甾醇肉豆蔻酸酯的红外图谱

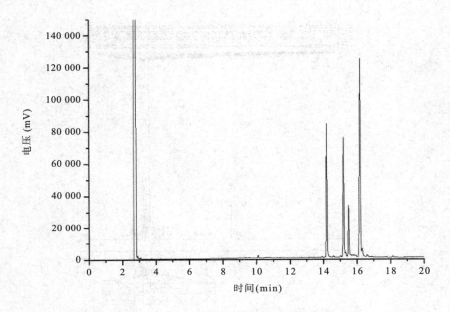

图附录-25　植物甾醇肉豆蔻酸酯的气相图谱

8. 植物甾醇棕榈酸酯

植物甾醇棕榈酸酯的 ^{1}H NMR 图谱和 ^{13}C NMR 图谱分别如图附录-26 和图附录-27 所示，红外图谱和气相图谱分别如图附录-28 和图附录-29 所示。

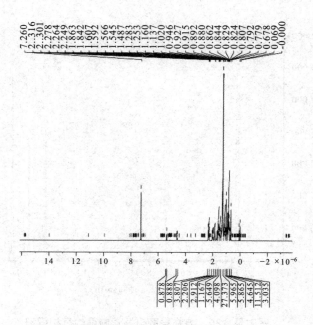

图附录 -26 植物甾醇棕榈酸酯的 ^{1}H NMR 图谱

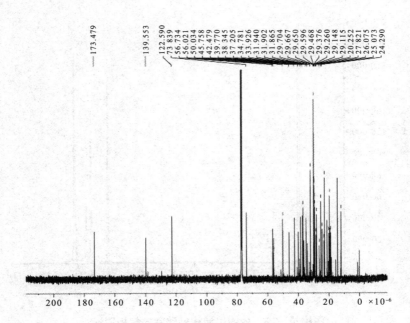

图附录 -27 植物甾醇棕榈酸酯的 ^{13}C NMR 图谱

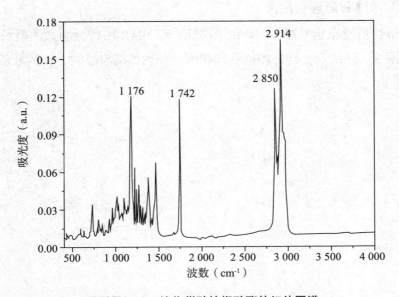

图附录 -28 植物甾醇棕榈酸酯的红外图谱

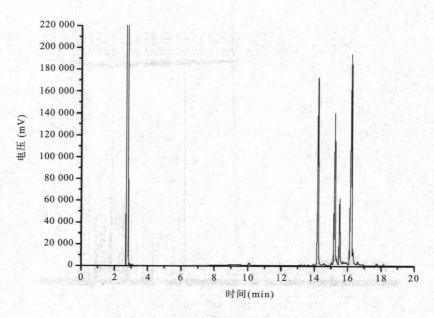

图附录-29 植物甾醇棕榈酸酯的气相图谱

9. 植物甾醇硬脂酸酯

植物甾醇硬脂酸酯 ^{1}H NMR 图谱和 ^{13}C NMR 图谱分别如图附录-30 和图附录-31 所示，红外图谱和气相图谱分别如图附录-32 和图附录-33 所示。

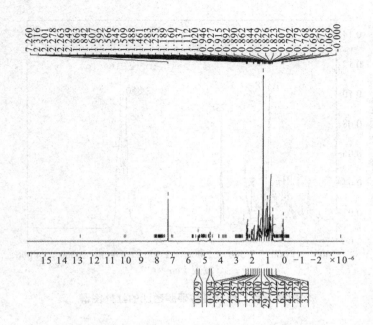

图附录 -30 植物甾醇硬脂酸酯的 ^{1}H NMR 图谱

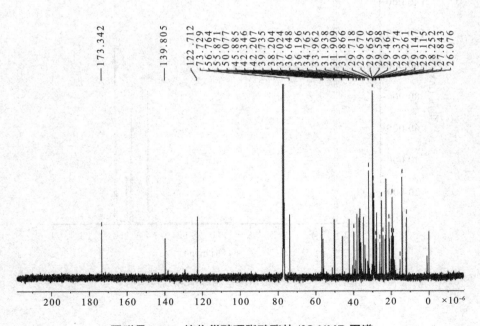

图附录 -31 植物甾醇硬脂酸酯的 ^{13}C NMR 图谱

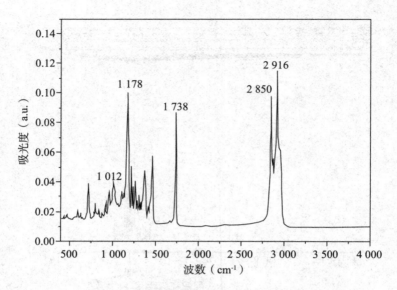

图附录-32 植物甾醇硬脂酸酯的红外图谱

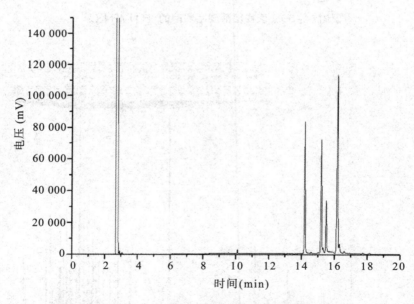

图附录-33 植物甾醇硬脂酸酯的气相图谱

致 谢

  首先感谢母校河南工业大学给予我博士学习的机会。一路走来，颇多感慨，我心中充满了感恩与感激。在此特向帮助过我的老师、同学、朋友及家人表示真挚的感谢。

  衷心感谢我敬爱的恩师谷克仁教授。入学之初面对全新的领域，离校多年的我有点不知所措，就连之前硕士、本科阶段的知识仿佛都很陌生，感觉一切都要从头开始。因此，每次面见老师，心中难免惶恐忐忑，但谷老师性情谦和、待人亲善，总是给予我鼓励和肯定，并且给予了我宽松自由的学术氛围，为我创造了很好的学习科研条件和环境。本书从选题、实验方案设计与实施、开题到最终的撰写与修改等各方面都得到了谷老师耐心细致的指导与帮助，可以说书中倾注了谷老师大量的心血与智慧。谷老师渊博的知识、严谨的治学态度、敏锐的学术思维、对事业孜孜不倦和执着追求的精神、真诚待人的风格以及高尚的人格魅力深深地感染着我、教育着我、激励着我，让我受益终身。衷心祝愿谷老师身体健康、诸事顺心。

  另外，要真挚感谢实验室另两位指导老师潘丽老师和王宏雁老师在本书写作、科研等方面的大力帮助；感谢河南牧业经济学院杨坤老师在小鼠实验药代方面的指导与热情帮助；感谢郑州大学谢正坤老师在仪器操作等方面的精心指导；感谢博士生涯中粮油食品学院夏义苗老师在生活、科研、工作等方面的热情关怀和大力帮助。

感谢师弟师妹张江帅、康世宗、李招、苗智越和尚方园等研究生，以及王少泽、李遥岑、窦钊、张海峰、王雪和司方雨等本科生在课题研究过程中给予的帮助，感谢磷脂研究所各位同人以及其他未能一一提及的师弟师妹的帮助。

感谢父母、爱人对我这几年科研工作的理解和支持，感谢儿子给我的科研和生活添加了不断学习的动力，感谢评阅及评审本书的各位专家对本书的精心指导。

感谢这段有爱、有光、有力量的难忘经历。